iT邦幫忙 鐵人賽

博碩文化

U0077555

Kotlin

30

老姐要用 Kotlin 寫專案
從 Server 到 Android APP
的開發生存日記

2020
iT邦幫忙
鐵人賽
佳作
iThome

小說 × 程式 —— 打開程式書就昏昏欲睡？
讓Kate豐富的程式人經驗給你小說般的沈浸式體驗！

- 帶你認識在 Android 領域刮起旋風的 Kotlin 程式語言特點
- 觀摩程式專案如何設計、實作和解決問題
- 一窺工程師神秘面紗下的工作和生活

李盈瑩 (Kate) —— 著

作　　者：李盈瑩（Kate）
責任編輯：偕詩敏

董 事 長：陳來勝
總 編 輯：陳錦輝

出　　版：博碩文化股份有限公司
地　　址：221 新北市汐止區新台五路一段 112 號 10 樓 A 棟
　　　　　電話 (02) 2696-2869　傳真 (02) 2696-2867

發　　行：博碩文化股份有限公司
郵撥帳號：17484299　戶名：博碩文化股份有限公司
博碩網址：http://www.drmaster.com.tw
讀者服務信箱：dr26962869@gmail.com
訂購服務專線：(02) 2696-2869 分機 238、519
（週一至週五 09:30 ～ 12:00；13:30 ～ 17:00）

版　　次：2021 年 10 月初版

建議零售價：新台幣 580 元
I S B N：978-986-434-897-8
律師顧問：鳴權法律事務所 陳曉鳴律師

本書如有破損或裝訂錯誤，請寄回本公司更換

國家圖書館出版品預行編目資料

老姐要用 Kotlin 寫專案：從 Server 到 Android
　APP 的開發生存日記 / 李盈瑩 (Kate) 著 . --
　初版 . -- 新北市：博碩文化股份有限公司，
　2021.10
　　面；　公分-- (iT邦幫忙鐵人賽系列書)

ISBN 978-986-434-897-8(平裝)

1.系統程式 2.電腦程式設計

312.52　　　　　　　　　　　110015855

Printed in Taiwan

歡迎團體訂購，另有優惠，請洽服務專線
博碩粉絲團　(02) 2696-2869 分機 238、519

推薦序

市面上不乏 Kotlin 教學書籍、每本也各有特色，但以人物對話的風格、小說文體的形式來介紹 Kotlin，我想 Kate 應是第一人！初讀這本「開發生存日記」的驚艷是，原來學 Kotlin 也能這麼有情境感，在故事脈絡的推演下，一個 Kotlin 多平台專案就這樣完成了！

Kate 的這本《老姐要用 Kotlin 寫專案：從 Server 到 Android APP 的開發生存日記》從開發前計劃、IDE 安裝、前後端資料交換、軟體架構、Kotlin 語法糖、避開開發陷阱、雲端服務整合皆有詳述，後半部提供的疑難雜症排除指南，幾乎把社群裡常見的問題都精準的回答了，非常貼心！

本書的另外一個特點是善用 Kotlin 在多平台開發的能力。對於 Kotlin 開發者來說，只需專精一個程式語言，就能將其應用在多種平台上；或是從另一個角度來看，因為共享同一個語言使用經驗，在團隊合作上更容易溝通與互相理解。本書故事的姊弟檔，一人專攻 Android，一人以 Ktor 框架打造 API，兩人合作無間就是最好的例子。

還記得 2020 年 3 月試辦第一梯次 Kotlin 讀書會時，Kate 就積極地參與活動、也在群組裡熱心的回答大家的問題。到 7 月時就勇敢地與舒安一同接下主持第二梯次讀書會主持人的重擔，並在每週迭代的過程中把活動辦得有聲有色。印象深刻的一次記憶，是我們在年度 JCConf 的攤位上，眾多讀書會

「網友」相見歡，剛開始大家還認不出來，但當 Kate 一開口，所有人就立刻認出這明亮清楚嗓音背後的主人。隨後一同組隊挑戰鐵人賽，看她運用豐富的文采把專案開發過程中經歷的混沌、掙扎、沈澱與突破寫得活靈活現，再次折服於她的天賦，鐵人賽獲獎也是剛好而已。本書的內容歷經她近一年的調校與精煉，相信對於想要踏入 Kotlin 開發的朋友會有很大的幫助，也期待 Kotlin 社群能在大家努力貢獻與付出下愈形成熟、日益茁壯！

范聖佑

JetBrains 技術傳教士

大家好，我是 Kate，一個程式開發工程師。

可以出書實在太棒了！

首先，感謝邀請我參加 iT 邦幫忙鐵人賽的社群朋友聖佑，加入了互相勉勵的團隊得以成功完賽，才能有這個得獎出書的機會。

其次，感謝家人和學校，提供良好的學習環境，使我能將所思所想化為一篇篇的文章。感謝朋友 FiFi 和小倩容忍我鐵人賽期間的每日文章轟炸。

最後，感謝博碩出版社，鼓勵知識經驗的傳承。因為編輯 Abby 和詩敏的加油打氣，才能撐過成書期間寫作的艱辛。

一開始，只是想要試試被動收入，分析自己擁有的能力和興趣之後就想到了 Side Project 程式開發，但即使是工程師，也不是所有程式領域都能信手拈來。

例如網站和手機 APP，背後大多還需要後端支援，考慮到需要多學一個程式語言和之後的版本更新維護，只有少數人願意付出心力去實現夢想。殘酷的是，這些少數人也會隨著開發時間拉長，選擇半途而廢。

然而 Kotlin 出現了，Kotlin 是一個年輕的程式語言，沒有版本碎片化的負擔，其開發商 JetBrains 積極推廣並擴增應用領域，而科技巨擘 Google 的公開支持，更是替開發者打了一劑強心針。

前後端都能使用同一個程式語言開發，不只讓單人開發難度降低不少，團隊開發時隊友之間也能提供「直接」的程式碼支援。

為了親身體驗新程式語言帶來的便利，本書將用輕鬆帶一點吐槽的文筆，進行為期三十天的雙人團隊使用 Kotlin 開發海龜湯遊戲主題的 Side Project 紀實，其中也包含程式碼範例；至於基礎程式概念，有機會的話將另外出書。

專案經營並不簡單，在紀實中處處可見以工程師的思維進行專案設計、開發所經歷的混沌、掙扎和沈澱。儘管如此，也建議大家抽出時間積極挑戰 Side Project，因為 Side Project 除了增加自身的實作經驗，也可以深入了解自己的極限。

在知道不足的情形下能尋找正確的合作對象，在其協助下，能大幅提高成功率。

心動不如馬上行動，現在就一起來寫 Kotlin Side Project 吧！

登場人物

弟

本書視角。

遇到事情首先會往糟糕結局設想的悲觀性格。

嗜喝牛奶可可。

比起花時間做料理，更願意花錢買外食。

後端工程師。

被牽連進三十天專案的苦勞人。

姐

本書主要對話對象。

容易衝動，有點傲嬌的性格。

平時喜歡微苦可可，但疲勞時會飲用牛奶可可補充體力。

根據食譜可以做出正常美味的食物，但是加入創意後有一定

機率風味突變。

Android APP 工程師。

三十天專案的發起人。

目錄

下班也想寫專案

第二章 快樂 Q&A 時間

CHAPTER 1

下班也想寫專案

1.1 開發準備

溫暖的九月豔陽，勾動著人們渴望出外踏青的內心。然而月曆上的黑字日期，距離轉變成紅字尚需一些時日。心智成熟的成年人紛紛理智地將心思放回工作崗位，勤奮地將止不住的歲月用汗水加工成掌中的金錢。

有如甘霖的勞基法不扣薪特別休假，大部分人會安排一個調適身心的旅遊假期，然而世界上也有特殊的一群人，請了如斯珍貴的特別休假，仍不願意離開封閉的室內空間，離開他們的電腦。

是的，我們兩人，就是那樣的電腦依存症重度患者。

「我決定了，這次就用 Kotlin 寫 Side Project，實戰是最好的練習！」突然從桌前起身，激昂發言的這位眼睛燃著熊熊烈火，雙手握拳的眼鏡女性，是我老姐。

雖然這麼說，其實也只是早我幾秒出生，現在看來，老姐從一開始就是個急性子。

「妳不是一直用 Java 寫得好好的，幹嘛換？」回想過去半途而廢的諸多案例，還是早早替她踩煞車比較好。我倆和 Java 的愛恨情仇，已經糾纏了沒有十年也有九年，這還只算上入社會後的工作年資，沒算上求學時期。

Java 在工程師職場上屬於熱門的程式語言，和 C 語言長期占據市場，Python 因為人工智慧和資料分析的崛起也占據了一席之地。所以我以為如果要學其他程式語言，應該優先選擇這些熱門語言？

老姐像是明白我的疑惑，迅速地將她的螢幕轉了一百八十度，向我展示 Android 開發者官方網站的畫面圖 1.1.1。

一眼望去就能在大大的標題中看到她提到的 Kotlin。

⬆ 圖 1.1.1　官方 Android 開發者網站

https://developer.android.com/kotlin/first

「看到沒！ Google 公開支持 JetBrains 開發的 Kotlin 程式語言，說以後 Kotlin 會是 Android 的首發開發陣容。身為 Android 工程師必須要跟上！」

說完之後，老姐好像想到了什麼，歪了下頭。

「對了，Kotlin 不是也能開發後端嗎？乾脆你也來學 Kotlin 吧。不是老說我三分鐘熱度？若加上你就有六分鐘熱度了。」明明是拖我下水，老姐卻一臉這是個好主意的樣子。

算了，反正最近公司也沒有專案要趕，時間和精力還算充裕。

我把視線移回自己的 22 吋螢幕。「那妳開發環境要另外架設？還是直接用和公司一樣的 Java JDK 8 ？」

別誤會，我們沒有把公司電腦帶回家，只是有時候下班了還會被緊急通知需要協助同事的問題，所以私人電腦的設置和公司沒差多少。科技界的責任制必然衍生的結果。

「啊呀，公司是因為必須繼承前人的 JDK 版本，不想花經費和時間調整。既然是 Side Project，我想試試最新的 JDK，反正一台電腦可以安裝多個 JDK 版本，所以剛剛去官方網站下載最新的 JDK 14 了，IDE 也安裝最新的 Android Studio 4 。」

老姐沒有把舊有的 Android Studio 3 移除，選擇讓多個版本留在電腦裡，因為之前曾經遇過開發中的專案在最新版本適應不良，需要額外調整設定。

老姐抬頭看了我一眼。

「你怎麼不動？那我來幫你安裝吧。」老姐邊說邊迅速移動到我的座位旁，非常快速的點進 JDK 官方網站下載頁面，幫我下載了對應 Mac 作業系統的版本。

已經 JDK 14 了啊，記得好像是半年發布一個版本。不過使用最新版本沒問題嗎？會不會被當白老鼠？

但是看老姐如此興致盎然，先別潑冷水好了。

Kotlin 小知識

安裝 JDK 是為了建立 JVM 環境和取得開發工具。

JVM 一開始是為了 Java 開發出的產物，精心打造一個虛擬環境，讓程式不受實際的作業平台影響；到後來，只要遵守技術規範，其他程式語言也可以跑在 JVM 上，也能互相混合合作，Kotlin 就是一個成功的例子。

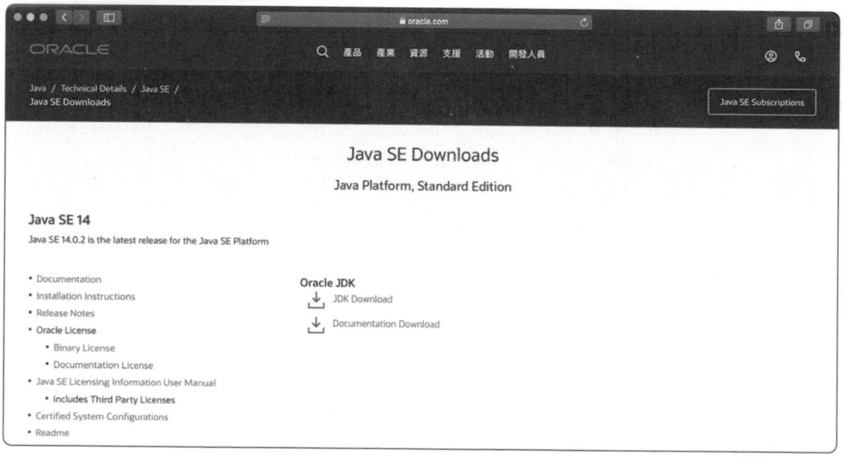

圖 1.1.2　官方網站 JDK 下載

https://www.oracle.com/tw/java/technologies/javase-downloads.html

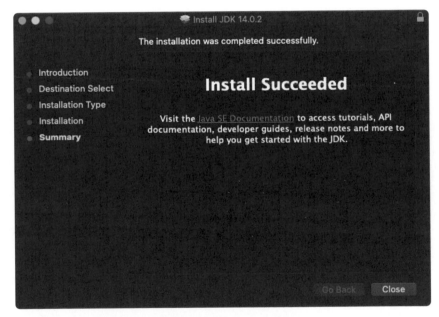

Java SE Development Kit 14.0.2

This software is licensed under the Oracle Technology Network License Agreement for Oracle Java SE

Product / File Description	File Size	Download
Linux Debian Package	157.93 MB	⤓ jdk-14.0.2_linux-x64_bin.deb
Linux RPM Package	165.06 MB	⤓ jdk-14.0.2_linux-x64_bin.rpm
Linux Compressed Archive	182.06 MB	⤓ jdk-14.0.2_linux-x64_bin.tar.gz
macOS Installer	176.37 MB	⤓ jdk-14.0.2_osx-x64_bin.dmg
macOS Compressed Archive	176.79 MB	⤓ jdk-14.0.2_osx-x64_bin.tar.gz
Windows x64 Installer	162.11 MB	⤓ jdk-14.0.2_windows-x64_bin.exe
Windows x64 Compressed Archive	181.56 MB	⤓ jdk-14.0.2_windows-x64_bin.zip

Java SE Development Kit 14.0.1

⬆ 圖 1.1.3　不同作業系統要安裝不同版本

⬆ 圖 1.1.4　安裝完成視窗

安裝完 JDK，老姐繼續哼著歌一邊快樂的又打開一個新網站。等等？好像不太對勁？！看到圖 1.1.5 我急忙喊停。

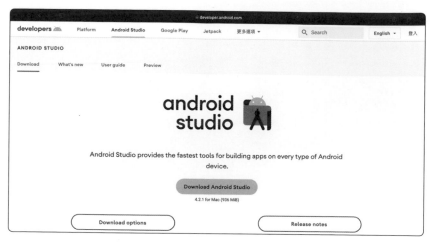

⊕ 圖 1.1.5　軟體 Android Studio 官方網站下載點
https://developer.android.com/studio

「喂喂！我不需要安裝 Android Studio ！」

就算 Android Studio 是用 IntelliJ IDEA 為基底開發的，終究被特化過，拿來寫 Android APP 是方便，對於寫後端的我來說，沒那麼合適，反過來也是如此。

雖然在 Android Studio 發布初期時，還有看過用 IntelliJ IDEA 開發 Android APP 的工程師，但隨著 Android Studio 版本越來越穩定，也越來越少人這麼做。

不過也聽過同事嫌棄越改越慢，記憶體不堪負荷的抱怨就是了。即使如此，我也沒有回去使用記憶體用量較少的 Eclipse。不過沒換回去主要的原因是已經習慣 Android Studio 的操作，已經流失的使用者很少會回鍋的。

「這麼說起來，我們是什麼時候開始改用 IntelliJ IDEA 的？我記得剛畢業的時候 Eclipse 仍然是 Java 開發的主流 IDE。」腦細胞多次改朝換代，記憶已模糊不清。我對回答不抱期望，老姐卻給了我驚喜。

「喔，這個我不會忘記，因為是我建議你換的。那個時候的專案剛好遇到一個特殊開發情境，兩個 Android APP 僅於名稱、主題色和伺服器主機網址有所差異。最簡單的做法是寫完一套程式碼後複製一份給另一個 APP，但是這樣維護上不太理想，所以我最後看上 Gradle 提供的 Build Variants 結構。利用 Product Flavors 的特性，每多一個相似 APP 就在 Gradle 檔案裡新增一個 Product Flavor，裡面放進各別 APP 的不同設定，這樣就能只維護一套程式碼。」

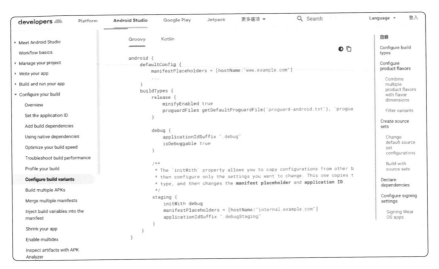

● 圖 1.1.6　多種建置結構

https://developer.android.com/studio/build/build-variants#groovy

聽她這麼一說，我也想起來了。「那時 Eclipse 沒有支援 Gradle 而 Android Studio 還沒出穩定版，於是妳改下載 IntelliJ IDEA，結果發現新 IDE 在程式開發上比 Eclipse 更多支援，所以就叫我也換成 IntelliJ IDEA。」

老姐一臉得意的說：「是呀，後來果不其然，Google 提供的 Android 開發工具也從 Eclipse 為基底的 Android Development Tools（ADT）替換成 IntelliJ IDEA 為基底的 Android Studio。」

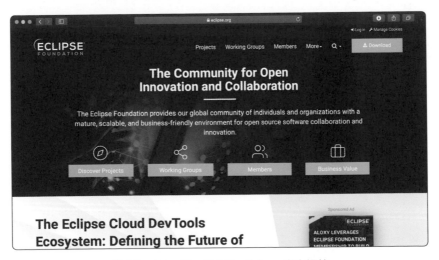

● 圖 1.1.7　另一個 IDE，Eclipse 官方網站

https://www.eclipse.org

Eclipse 比較不占據記憶體，靈活性也高，因為開源的關係，有些特殊版本能開發 Java 以外的程式語言，因此直到現在都還持續存在市場上。但是對於專心 Java 開發，且願意花錢提升電腦記憶體的工程師來說，更願意使用貼心的 IntelliJ IDEA 系列。

至於不安裝 IDE 就進行程式開發？這不在我的選項裡。我受夠之前為了省空間用記事本開發，等待好幾分鐘編譯建置，卻得到編譯失敗的結果，仔細檢查才發現居然是拼字錯誤這種小問題的日子。就算是母語都有可能寫出錯別字了，何況程式語言呢？

如果遇到需要我用紙筆寫程式的情況，我都會惶惶不安。有人盯著我寫程式，我也會惶惶不安。品嚐老姐的原創料理也會惶惶不安。

耶？我好像滿常惶惶不安的？

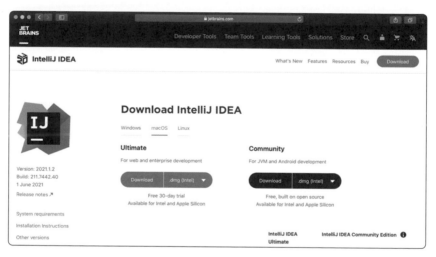

⬆ 圖 1.1.8　軟體 IntelliJ IDEA 官方網站下載點
https://www.jetbrains.com/idea/download/

……煩惱也不能改變什麼，拿回電腦控制權後，我馬上下載新年度的 IntelliJ IDEA，IntelliJ IDEA 每年都會來個版本大更新。先來比較一下圖 1.1.8 的 IntelliJ IDEA 提供的兩個版本。

嗯……兩個版本都能開發後端，不過付費版 Ultimate 比目前我使用的免費版 Community 多了不少後端支援功能，反正老姐這次的火也不知道能不能燒三十天，就來玩 Ultimate 三十天試用版好了。

除了一開始要選擇右側的三十天體驗授權，和常見的安裝步驟沒什麼不同，在「結束」之前不停地按「下一步」就好。

說到授權，聽說有人太喜歡 IntelliJ IDEA 開發商 JetBrains 的產品，買了全家桶 JetBrains All Products Pack，包含十種 IDE，C 語言和 Python 也包含在內。

我現在只需要開發 Java 和 Kotlin，但是也許將來可以考慮多方向發展？嗯哼，未來的事未來想，現在先專心在三十天內和 IntelliJ IDEA Ultimate 好好相處吧。

⬆ 圖 1.1.9　全家桶

https://www.jetbrains.com/all/

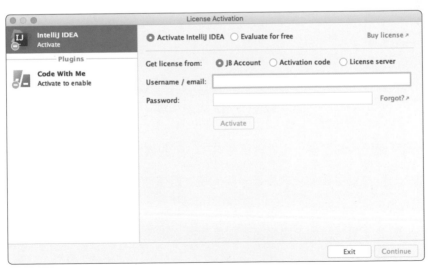

⬆ 圖 1.1.10　預設付錢啟動，要切換成右側的體驗選項

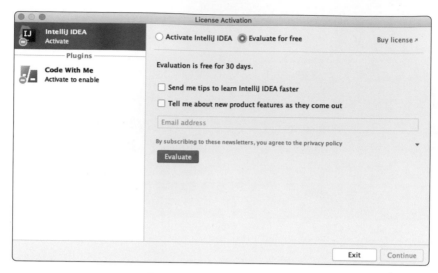

⬆ 圖 1.1.11　免費體驗三十天

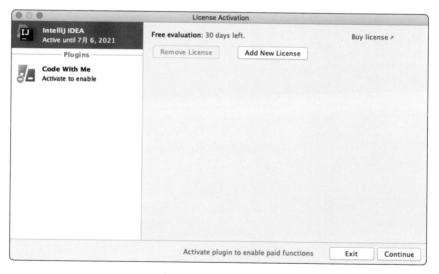

⬆ 圖 1.1.12　即刻倒數

呼，不知不覺已經到了晚上，畢竟都是 GB 等級的軟體，下載也是挺花時間的。

明天還要上班，要用哪個後端框架等明天和老姐確認過她的 Side Project 主題再決定吧。

我先一步闔上筆電，回到房間做起睡前柔軟操。坐了一整天的椅子，肩頸僵硬，需要好好伸展才好入睡。

業界小知識

更多版本比較可以查閱官方網站 https://www.jetbrains.com/idea/features/editions_comparison_matrix.html。

學生的話，可以申請 Ultimate 免費教育授權。詳情參考 https://sales.jetbrains.com/hc/zh-tw/articles/207241195

社會人士也有各種優惠，政府優惠、創業優惠還有連續訂閱優惠。

或是多多參加資訊社群活動，也有機會拿到期限授權驚喜，但是要留意啟動也有到期日唷。

1.2 建立專案

「明天、明天就是假日了……」

身旁的上班族喪屍，是我老姐，在她眼睛已成死魚的情形下，眼鏡只是個裝飾品，完全是聽我聲音指揮路況。也許有點殘忍，但是所謂的 Side Project 一旦熄火就別想死灰復燃，所以我還是一到家就開口問她主題了。

「我當然想好了！問答猜謎遊戲，會員功能，最重要的是**錢錢錢收入系統**！」提到錢，那雙眼睛再度恢復光明，甚至散發出幽幽的綠光。見得此番情景，我的腿肚子不由得顫抖了一下。

「在你昨晚躺在舒服的床上做著美夢的時候，我已經在**免費**的專案管理軟體網站 Asana 開好任務列表，也開放權限給你了。」昨天晚上房間外面的燈很晚才熄掉，本以為老姐昨天熬夜打遊戲來的，原來不是啊。感覺老姐飄忽不定的聲音陰森森的，應該不是錯覺吧。

我在老姐灼灼的視線下點開專案管理軟體網站，去看她昨天奮戰的結果。

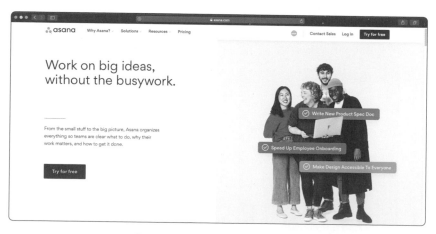

🔊 圖 1.2.1　專案管理 Asana 網站

https://asana.com/

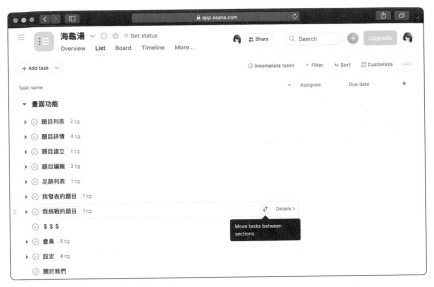

⬆ 圖 1.2.2　用 Asana 製作的專案任務列表

📋 業界小知識

專案管理軟體指的是有助於專案開發的軟體，比如評估工作量、時程或是分配作業。

藉由將專案拆解成一個個任務（Ticket, Issue, Task），也能觀察到專案開發方向和難易度，有些軟體還可以標明任務緊急程度或是任務之間的依賴關係。

主管也可以從下屬負責的任務進度和完成品質評定個人績效。

＊在 Side Project 使用可有效阻止無窮無盡的思維發散並減少懶病發作！

因為和工作上用的付費專案軟體 Bitbucket 不是同一套，稍微花了點時間摸索。看著任務列表，我邊思考邊說：「問答部分大概需要十幾個 API，會員系統沒特殊要求的話，等後面要架到雲端的時候，直接套用那個雲端提供的服務吧。至於收入系統，主程式沒建起來之前，一切都是浮雲啊浮雲。」

老姐沒有否認，或者是已經沒有反駁的力氣，拖著腳步走到她的電腦前抬起發顫的雙手，打開 Android Studio 開始建立新專案。

⬆ 圖 1.2.3　軟體 Android Studio 歡迎畫面

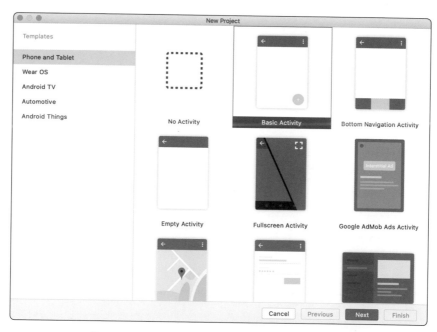

⬆ 圖 1.2.4　軟體 Android Studio 專案模板選擇畫面

初始畫面她平常是選空白的自己寫，但這次可能是因為有鼓勵使用者發布題目的需求，她選了一個有浮動按鈕的模板。然後她停在最低支援版本圖 1.2.5，看著市場百分比出神，百分比右側是各版本的功能說明。

「百分比越高，越多人可以下載我們的應用，但開發成本也越多。你怎麼想？」老姐想要參考我的想法，但我的想法很簡單，開發成本只是工作量的婉轉用詞。

怕麻煩的我脫口就想說支援最新版本就好，但是不到一成的支援度太不切實際，話在嘴裡急忙轉了彎。「就選一成、那個放棄一成支援度的 Android 5 或 Android 5.1 吧。」

老姐沒有異議，選擇版本後就繼續填寫其他必要欄位。

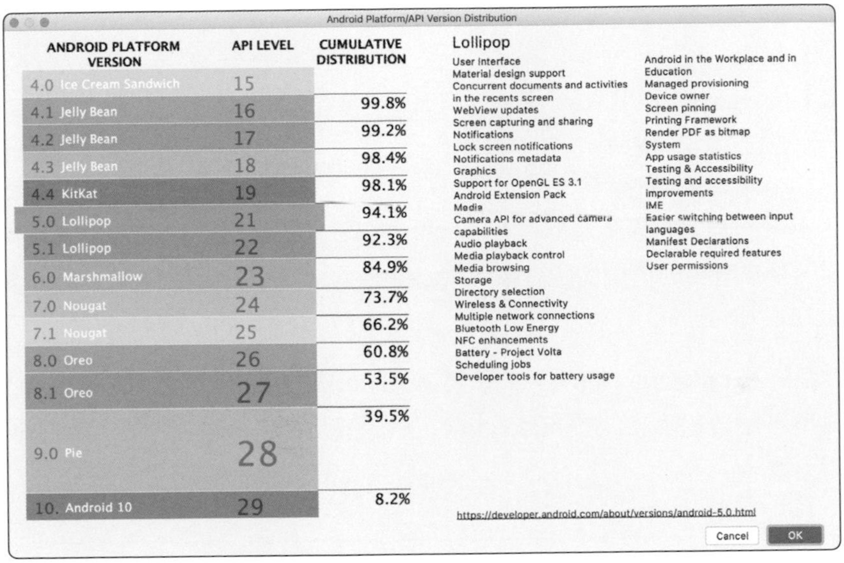

⬆ 圖 1.2.5　市面 Android 支援度百分比

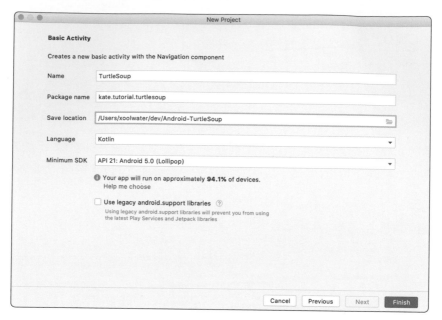

⬆ 圖 1.2.6 　軟體 Android Studio 專案組成設定

專案名字用的是她昨天就想好，和 Asana 專案一樣的名字 Turtle Soup，意思是海龜湯，來自有名的情境猜謎遊戲。Package Name 更是超級隨意，直接置入個人名。

老姐看我盯著 Package Name，笑了笑。「Side Project 只有我們倆開發，不屬於公司，也不屬於組織，Package Name 自然是隨我囉。上架用的 Application Id 才需要謹慎。」

 Android 小知識

Package Name 慣例最前面是組織類型（公司：com，教育機構：edu，網路組織：net），其次是組織名稱，後綴專案名稱，中間以小數點分隔。

專案建立後會自動產生對應的分層資料夾，和其他專案檔案區隔，過去曾被當作應用唯一識別，但因為變更會連帶資料夾結構一起變更產生管理不便，後來這部分特性被 Application Id 取代。

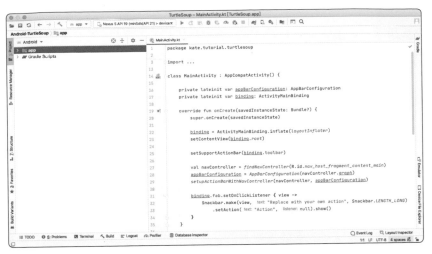

⬆ 圖 1.2.7　軟體 Android Studio 專案建立

開完專案後她直接跑去睡了，獨留我一人孤零零伴隨著電腦風扇的聲音。

畢竟是第一次用 Kotlin 寫後端，所以查了一下網路上的資料。Kotlin 後端框架有 Java 時期就在的老字號 Spring 和輕便的 Ktor。

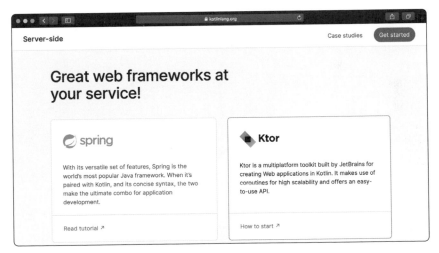

⬆ 圖 1.2.8　後端框架選擇

https://kotlinlang.org/lp/server-side/

既然這次只是簡單的提供 API 服務，那就省事點選擇 Ktor，而且是 Kotlin 開發廠商開發的，有什麼問題他們可以內部溝通，應該不會有大坑。

新手小知識

在大多數的情形下，軟體之間的溝通會經由 API。其一是方便管理權限，保護資料隱私，比如會員地址就只有該會員和店家知道，第三者無法取得；其二是降低使用複雜度，不需要知道資料原始結構，比如訂單資料可能來自訂單系統和商品系統。

開發應用一般都會採用該領域對應的框架，就像是，房子有人蓋了，我們就能專心布置室內裝潢和擺設。

每個使用者的需求不同，所以有些軟體傾向精簡化，僅提供基礎功能，其他需要擴充的功能需要額外安裝外掛，需要留心的是，外掛程式不一定由官方提供，無法保證穩定度和安全度。

總之先裝 Ktor Plugin，從左側選單將預設的 Projects 面板切換到 Plugins 面板。

⬆ 圖 1.2.9　軟體 IntelliJ IDEA 歡迎畫面預設 Projects 面板

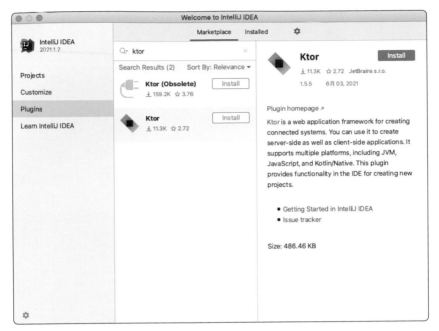

● 圖 1.2.10　軟體 IntelliJ IDEA 安裝 Ktor 外掛

在搜尋框裡輸入 ktor，名字有括號的版本將來會被捨棄，當然安裝彩色版。然後切換回 Projects 面板選擇 New Project。

專案類型有許多選擇，連 IntelliJ IDEA 外掛程式也可以開發。不過，已經確定要建立 Ktor 專案，就沒有花太多時間去研究其他選擇。

⬆ 圖 1.2.11　軟體 IntelliJ IDEA 新專案設定

專案名字為了和老姐區隔，在前面加上框架名字的 Ktor。

和 Android Studio 不同，建置系統是可以選擇的。我已經習慣 Gradle，自然不會選擇 Maven。倒是意外看到還能用 Kotlin 寫 Gradle。

Gradle 本來是 Groovy 程式語言的天下，竟然加入戰局，不愧是充滿野心的 Kotlin。在專案裡可以統一一種程式語言，感覺還滿方便的，所以我就選擇了 Gradle Kotlin 建置系統。

視線繼續往下移動。

耶？和過去經驗不同，圖 1.2.11 的 Artifact 居然是不能編輯的，還多了網址欄位。

我瞇起眼睛看著網址欄位下的備註，原來是協助產生 Package Name 的新做法。這倒是個不錯的做法，畢竟 Package Name 的規則新人可能不熟悉，但是網址的規則大家都熟悉嘛。

既然知道這個網址不是真正意義的網站，我就放心輸入和老姐對應的網址，當然，順序是逆著 Package Name。接著按下一步。

 新手小知識

程式開發中常需要引用他人開發的函式庫，相對的也有機會把自己的程式碼分享給他人。

現在發佈的函式庫大多用 Group Id 和 Artifact Id 組成唯一識別。

IntelliJ IDEA 在 2021 後的版本直接把 Group Id 和 Artifact Id 整合成 Artifact。

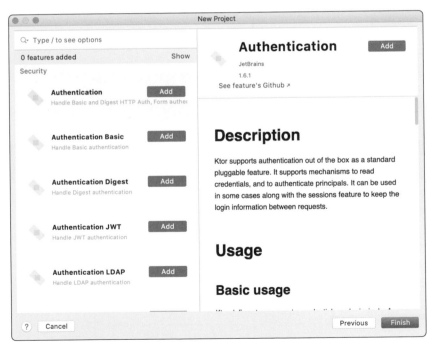

⬆ 圖 1.2.12　軟體 IntelliJ IDEA 新專案 Features 安裝列表

一長串的 Features 突然冒出來。

我覺得有點暈眩，深呼吸之後馬上決定打開官方文件。先翻到新專案教學。

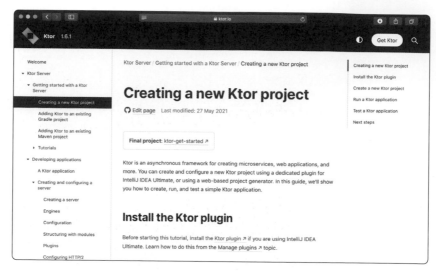

⬆ 圖 1.2.13　框架 Ktor 新專案教學

https://ktor.io/docs/intellij-idea.html

官方教學介紹 Feature 就是框架 Ktor 的外掛程式，支援伺服器需要的各種功能。
其中特別指出驗證身份的 Authentication 和分配網址的 Routing。

為了確認這時候的選擇會不會影響到之後的開發，我翻到說明框架外掛的網頁。

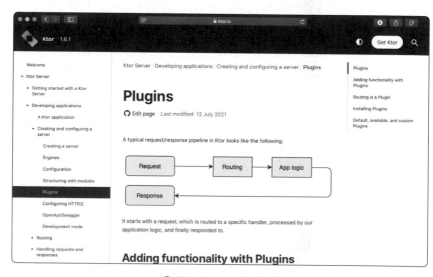

⬆ 圖 1.2.14　框架外掛

https://ktor.io/docs/plugins.html

得到可以在之後的專案程式碼中動態安裝的答案，我鬆了一口氣。現階段還沒決定驗證身份會搭配的雲端服務種類，於是只安裝 Routing 外掛。結束專案的設定後，終於看到新專案的誕生，還附帶 IDE 使用提示。

🔺 圖 1.2.15　貼心使用提示

關閉提示之後，下方的進度條顯示專案仍在載入資訊。因為是第一個專案，要等一大堆東西下載完，程式碼才能出現正常的語法提示顏色。

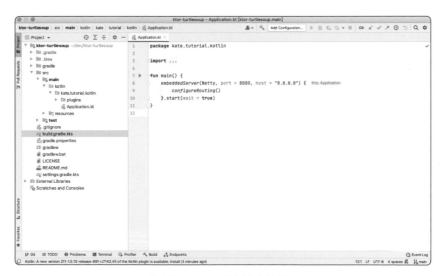

🔺 圖 1.2.16　多彩的語法提示

載入完成後先什麼都不改動，跑跑看新專案初始是什麼內容。畢竟也有發生環境衝突，連初始專案都跑不起來的可能性。我這麼想著，按下主函式左側的綠色三角形啟動程式。

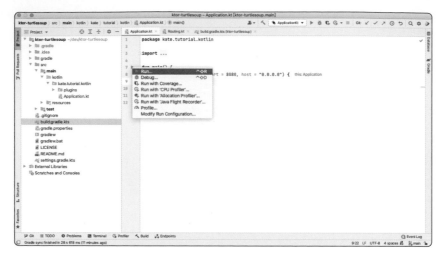

⬆ 圖 1.2.17　選擇編譯和執行程式

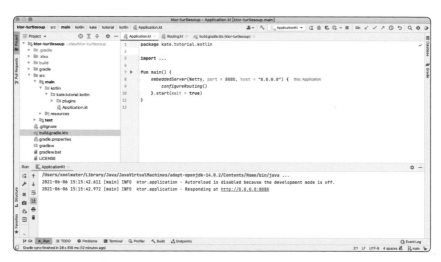

⬆ 圖 1.2.18　程式執行後的結果在 IDE 下方視窗

專案正常啟動，下方的視窗也沒有出現警告訊息。

嗯，我沒有運氣差到成為那少數受害者，如果可以把這方面的運氣挪一些到偏財運該有多好。某人房間的抽屜裡躺著一疊沒有中獎的彩券。

● 圖 1.2.19 本機網站架設網址
http://0.0.0.0:8080

為防萬一，還是打開網站確認一下伺服器運作情形。網站展示著非常眼熟的 Hello World 文字。也對，在程式世界裡，只要能秀出 Hello World，就可以算是該門程式語言入門成功，也難怪新建立的專案預設是秀出 Hello World。

● 圖 1.2.20 執行結果視窗左側按鈕包含中止功能

好了，未免明天電腦發熱或出意外，點擊左下紅色小方塊中止伺服器程式。

拿起手機看了看時間。很好，沒有超過晚上 12 點。雖然還想做些其他事情，但是手機上的倒影已經反射出一張困乏的臉。

「是喪屍二號呢。」自我嘲弄之後，再掩不住睡意。我迅速關上房門，倒頭就睡。疲勞讓房裡的人很快就發出呼嚕呼嚕的鼾聲。

1.3 資料交換格式

今天是假日，不用上班打卡的日子。

「今天吃對面樓下的早午餐餐廳吧。」老姐面帶笑意的提議，聲音恢復了朝氣。應該是因為老姐和我一樣，一覺睡到了早午餐的時間。

沒什麼需要拒絕的理由，我說出「好呀」的回覆。我們迅速的換好外出服，帶著錢包進到店裡。

「這兩天進度如何？」趁著點好的餐點還沒送到，老姐提問。雖然是在同一空間，但是我習慣埋頭苦幹，再加上老姐兩日都比我早休息，並不清楚我的進度。

如果時間充裕，倒是想仿效公司實行每天開會的敏捷開發，可惜從老姐安排的時程看來，條件並不許可。能在假日的早餐擠出時間確認 Side Project 進度，已經很有心了。不過 Side Project 每日作業時數本就不多，和公司工作的時數比例換算五日一個上班日也差不多了。

「昨天已經可以成功執行伺服器程式，考量到未來的資料不會只是字串這樣的簡單結構，今天會把輸出的內容設定成 JSON 格式和定下 API 路徑。」我停頓了一下，決定把昨天的新發現分享給老姐。

「對了，我的專案自動化建置檔案在 .gradle 後面又多了 .kts 副檔名，因為是 Kotlin Script 檔案唷。」

「咦？真好。今天有點不想開 Android Studio 了。」老姐比起驚奇，似乎更多的是嫉妒。

「不寫程式的話，妳打算做啥？」不會 Side Project 這麼快就流產吧？才第三天耶。

老姐很快就否定我的負面猜測。「流程設計和畫面設計，今天主要是畫面設計，流程設計我希望你有空時也來幫忙。」

雖然 Side Project 主題是老姐定的，不過流程也會影響到伺服器開發，所以我同意在完成既定的伺服器進度後協助她。

剛好在這個時候，老姐點的舒芙蕾和我的美式炒蛋雞腿排套餐也到了。享受完美好的早午餐後，我和老姐就回到電腦前開始作業。

能轉換 JSON 格式資料的函式庫其實還不少，之前在公司專案用過的有 Jackson 和 GSON。GSON 的優勢在輕量級資料特別明顯，適合這個 Side Project。在專案下的 *build.gradle.kts* 檔案的 dependencies 區域加上 GSON 函式庫，稍微等待專案同步新的設定。

⬆ 圖 1.3.1　專案自動化建置檔案

```
dependencies {
    // 其他原本的函式庫略過不表
    implementation("io.ktor:ktor-gson:$ktor_version")
}
```

 新手小知識

在程式應用的世界裡，常常需要和其他對象資料交換，最常見的例子就是和伺服器要求會員資料。

簡單的資料當然可以用純文字，遺憾的是大部分的資料都和會員資料一樣，不會只有一個欄位，所以就需要雙方統一傳輸格式，才不會搞錯對應的欄位。

近來比較廣泛使用 JSON 格式，JSON 格式字數相對 XML 格式較少，節省不少傳輸量，而 XML 格式在資料結構複雜情境下可讀性比較高。

SOAP 協定只能搭配 XML 格式，有成熟的安全機制。

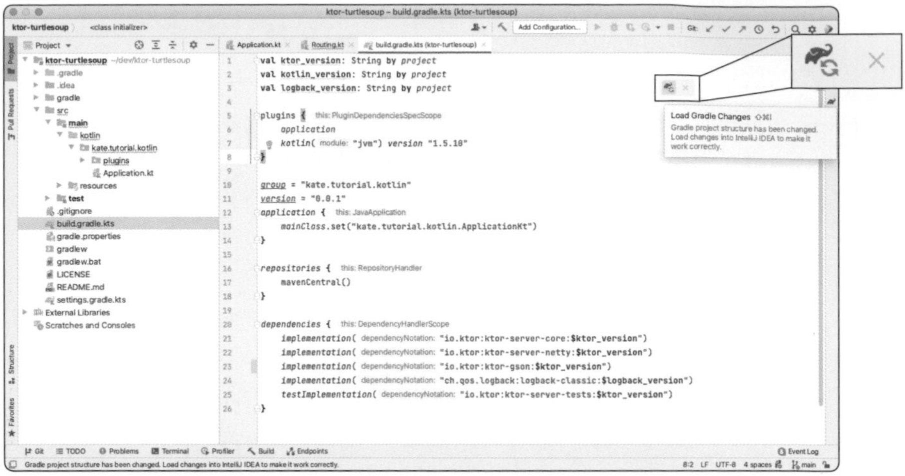

圖 1.3.2　出現大象圖標就是建置條件有變動，程式需要與其同步設定

> **新手小知識**
>
> 建置條件的變動如果是新增本機沒有的函式庫，會從網路重新下載到本機快取，下載的主機路徑列表設置於 repositories 區塊。
>
> 偶爾也會遇到函式庫被提供者拿掉的情況，因此也有人會選擇下載 JAR 和 AAR 檔案到專案。詳細作法可以參考 Gradle 文件：
>
> https://docs.gradle.org/current/userguide/dependency_management.html#sub:file_dependencies

家裡的網路速度還算快，專案同步新的設定不需要等到一分鐘。

打開 *Application.kt*，函式只有一個，名字又叫 `main`，這絕對就是程式啟動主角主函式。主函式宣告會在本機網址連接埠 8080 執行網路服務，服務內容是函式 `configureRouting`。右鍵點進函式選 Go To 的 Declaration or Usages，打開函式所在的檔案 *Routing.kt*。

開選單好麻煩，從選單裡找功能更麻煩。幸好有更快的做法，Mac 作業系統用 **Command** 鍵加上滑鼠游標左鍵點函式。Windows 作業系統的快捷鍵則是以 **Ctrl** 鍵替代 **Command** 鍵。

◉ 圖 1.3.3　追尋函式宣告或使用的位置

```
turtlesoup ) src ) main ) kotlin ) kate ) tutorial ) kotlin ) plugins ) Routing.kt ) Application.configureRouting()    Add Configuration...
```

◉ 圖 1.3.4　自動打開函式宣告所在的檔案

啊，有 IDE 就是好，滑鼠游標移過去就有自動 import 功能，這樣就不用花時間找函式來源，就算提供的是多個可疑來源列表，也比盲目的翻找全專案要好多了。

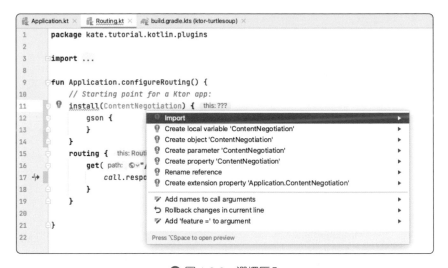

圖 1.3.5　自動匯入功能提示

圖 1.3.6　選擇匯入

……好危險，剛剛一瞬間失去了意識，我打起精神重新檢查修改後的成果。

```
fun Application.configureRouting() {
    // Starting point for a Ktor app:
    install(ContentNegotiation) {
        gson {
        }
```

```
    }
    routing {
        get("/") {
            call.respond(mapOf("message" to "HELLO WORLD!"))
        }
    }
}
```

不安全 — 0.0.0.0

{"message":"HELLO WORLD!"}

⬆ 圖 1.3.7　新資料格式 Hello World

我展示了一下勞力成果，老姐大力讚揚。「喔喔，做得好！我猜猜，rounting 是用來分配每個網站路徑選擇的行為，get 是 HTTP 請求方法，call.respond 裡放的是要輸出的資料物件，對吧？」不愧是老姐，理解力和我一樣好。

「對了，我查一下電腦內網的 IP 給妳。」我在終端機程式上輸入查詢指令。

```
$ ifconfig
```

找到 en0，第一張網路卡的資訊。

```
en0: flags=8863<UP,BROADCAST,SMART,RUNNING,SIMPLEX,MULTICAST> mtu 1500
     options=400<CHANNEL_IO>
     ether
     inet6                              prefixlen 64 secured scopeid
     inet 192.168.48.3 netmask 0xffffff00 broadcast 192.168.48.255
     nd6 options=    <PERFORMNUD,DAD>
     media: autoselect
     status: active
```

⬆ 圖 1.3.8　網路設定

很好！確認老姐連上，看到的畫面也和我電腦的一致，這樣就沒問題了。雖然說不確定網路設定是固定 IP 還是動態 IP，反正如果老姐連不上就會找我，那時候再查詢一次就行了。

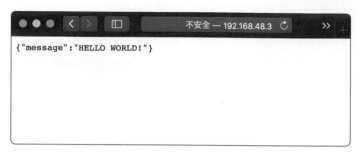

🔼 圖 1.3.9　區域網站架設網址
http://192.168.48.3:8080

「我想先做題目相關的流程，你怎麼想？」老姐看著功能表詢問我的意見。

「嗯⋯⋯已經有題目物件的資料格式了嗎？」我邊說邊快速對四個 API 進行複製貼上。內容還沒實作所以先放上 TODO 函式，算是保險，如果不小心忘記實作，程式執行到那行就會發生錯誤。設計採用 RESTful API，**/api/puzzles** 網址根據不同的 HTTP 請求方法執行不同的動作。

```
get("/api/puzzles") {// 取得所有題目
    TODO()
}
post("/api/puzzles") {// 新增題目
    TODO()
}
get("/api/puzzles/{id}") {// 取得單個題目
    TODO()
}
delete("/api/puzzles/{id}") {// 刪除單個題目
    TODO()
}
```

新手小知識

> 區域網路的特徵是 Net_ID 相同，共用分享器之類的對外窗口。內部網址就像是
> 班級座號一樣，只在班級內有效。

老姐語帶猶豫的說：「是有點想法啦，題目內容在想說是不是分開儲存，因為列
表頁面看不到那麼多資訊。」

嗯哼，這邊就是資料庫設計的領域了。

「不需要那麼多互相關聯的 Table，題目資料統一放一起就好，我可以在列表只
輸出比較少的資料欄位，減輕網路負擔。」我把現階段能想到的欄位整理到資料
庫結構任務區，這樣老姐也能看到。

⬆ 圖 1.3.10　題目結構設計任務

「那你要用哪個資料庫管理系統？」因為 Android 原生支援的只有 SQLite，老姐不
由得好奇後端這邊的情形，儘管她知道用哪個系統其實對 APP 端都沒有差別。

「我先看看 IDE 這邊有支援哪些選項……哇喔，比想像的還多。」十幾個資料
庫可以選擇，不只有常見的免費、開源 MySQL、PostgreSQL，連微軟出品的

Microsoft SQL Server 和 Azure SQL，Google 出品的 BigQuery，Amazon 出品的 Amazon Redshift 等大廠雲端資料庫管理系統也都有。

⬆ 圖 1.3.11　可選擇的資料庫管理系統

「選擇太多反而是困擾呢。姐妳那邊 APP 還不動工嗎？」煩惱的時候轉移話題就可以延後選擇！

老姐皺著眉頭說：「你忘記了嗎？我今天的計畫是畫面設計。」

辛苦了，前端很重要，直接面對使用者，我負責的 API 後勤如果出問題，被打一顆星的還是 APP。當然公司內部會釐清問題歸屬，但是在那之前被罵最多的還是 APP 工程師。

我打開幾個手機 APP，選了其中一個比較典型的指給她看。「直接參考常見信箱 APP 的設計就好了，有列表、新增按鈕、搜尋功能。」

老姐聽了若有所思。「你提醒我倒讓我想起來，官方有提供一些設計。」老姐用幾個關鍵字找到 Google 的設計網頁，鬆了口氣地說：「幸好連按鈕圖片都有現成的，時間省下來了，繪圖軟體的錢也省下來了。」

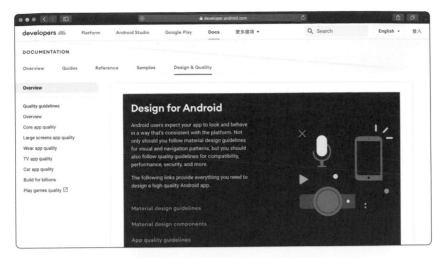

● 圖 1.3.12　官方 Android 應用設計

https://developer.android.com/design

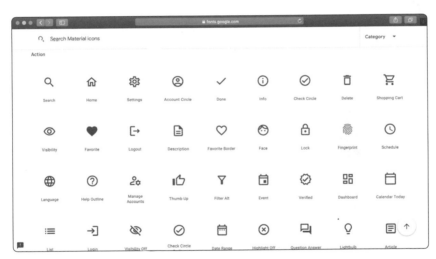

● 圖 1.3.13　官方 Google 設計按鈕圖片

https://fonts.google.com/icons

我只知道如果連按鈕圖片都要她畫，這專案絕對撐不了一個星期。畫圖可是很辛苦的工作，有時候公司的設計師下班時間比我們工程師還晚。當然也有可能是因為公司的設計師不只要設計按鈕圖片、流程圖和 APP 畫面，還要設計網站吧。

幸好這個 Side Project 沒有前端網站需求，我深感慶幸。不過光是現在的情形，似乎也有點超量了，已經不只一次看到老姐的眼神渙散，我也對著螢幕恍神了幾次。注意力沒有集中的話，工作效率不好，只是徒增疲勞。

「晚餐我叫了外送，今天我們早點休息吧，假日有兩天呢。」聽到我的話她猛然驚醒。

「嗯？哦？說的也是，我去開門。」老姐迷迷糊糊的要走向門口。

「外送還要十分鐘才會到，先收拾桌面吧。」我幫她將桌面上曾是畫面設計稿的紙堆收拾乾淨，然後兩人靜靜地坐在椅子上等著時間。

我心裡漸漸浮出一個想法，明天再和老姐說吧。

1.4　調整時程

「啊，我就覺得哪裡不對，我們現在這樣的作業模式算是並聯吧？這樣就算強度增加也不會持久呀！」老姐邊按摩疲乏的手指和手腕邊用期待的眼神深深地注視我。我完全明白妳的意思唷，妳快撐不住啦。

沒想到老姐會在我提出之前就搶先說出有關調整時程的話。

「所以今天妳寫 Android，明天我寫 Ktor，妳的意思是這樣對吧？」

「對對。每人輪流休息一天，世界更美好。為了美好的明天，今天才能努力！」老姐振振有詞地繼續說著：「而且啊，也不能花太多時間在這個專案上，本來我們就因為本業的緣故，每天都得待在電腦前八小時，要是準時下班還過勞死，公司說不定會喊冤。」

我雙手微攏，曲起膝蓋，模仿英國名偵探福爾摩斯思索的樣子。

「聽起來好有道理，但其實我剛剛是開玩笑的，我們總是錯開時間的話，會議也不好安排吧。」

「那就一星期裡自己挑兩到三天平日休息，假日統一同一天作業。」她很快提出替代方案。

這個方案感覺不錯，只要把我昨天想到的地方提出來當作補充就更好了。「嗯，平日作業時間也限定一到兩小時，假日的話三到五小時，當然動腦會議時間也是計算在內的。這樣就能安排一些運動和真正的休閒時間，說不定還能多些人際交往。」莫忘**三三三運動原則**，身體也是財富呢。

老姐狂點頭。「對對，也要花些時間在科技社群上面吸收最新的訊息呢。」……我怎麼記得妳在社群裡只會讓自己越來越忙啊。不過的確社群會提供很多資訊，比如說 Google 免費課程，線上讀書會，也常有大神演講活動。思緒一下子又回到了前年參加的活動，回頭發現老姐已經進入工作模式。

「好，今天只剩下一小時，上！」替自己加上時間限制成功燃起了她的戰鬥魂，她迅速進入開發模式，一邊翻 Kotlin 文件一邊翻看 *MainActivity.kt*，她第一步就是按下慣用的 Mac 系統鍵盤 **Command** 鍵，同時用滑鼠點擊 `ActivityMainBinding` 打開對應的畫面設置 *activity_main.xml*。

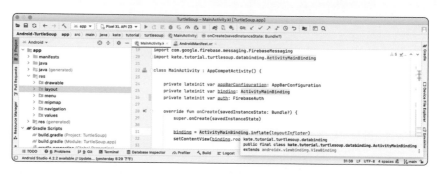

⬆ 圖 1.4.1　鍵盤的 Command 鍵有很多功能

⬆ 圖 1.4.2　主畫面設置檔案

畢竟只是寫的語言改了，IDE 快捷鍵和 APP 架構邏輯是沒變的，倒是 Kotlin 建立的專案有預設開啟 View Binding。聽到老姐説出陌生單字，我愣了一下，好學地問她：「View Binding 是什麼？」

「以前畫面上的元件都要用 findViewById 一個一個搭配 Id 去找，有時還會不小心弄錯對應的畫面，操作不存在的元件的 APP 下場自然就只能閃退了。」説到閃退，窗外忽然一道白光閃過，遠處的轟鳴聲昭示著閃電的存在。老姐的臉色變的微妙起來。

「你也知道，閃退帶給使用者很不好的體驗感，能避免則避免，等專案開發後期，應該會裝上回報閃退情形的工具。」我點點頭，內心祈禱著專案可以撐到上市那一天。

「啊，離題了，回到 View Binding，ActivityMainBinding 就是 layout 資料夾 *activity_main.xml* 的對應，有 Id 的元件都會以它的屬性方式呈現，比如 binding.fab 就是 Id 為 fab 的浮動按鈕。我晚點會開的 Data Binding 和 View Binding 不衝突，Data Binding 可以在 *activity_main.xml* 上面設定對應的資料欄位，搭配 LiveData 可以輕鬆實現 MVVM 架構。」MVVM 架構我知道，除了 Android APP 以外，也能應用到網頁前端。

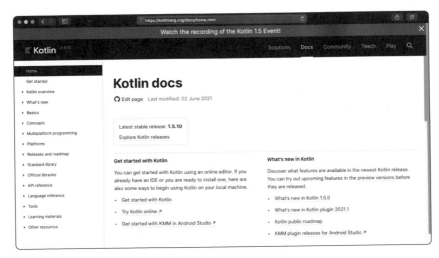

🔼 圖 1.4.3　官方 Kotlin 文件

https://kotlinlang.org/docs/home.html

```
kate.tutorial.turtlesoup.databinding
public final class kate.tutorial.turtlesoup.databinding.ActivityMainBinding
extends androidx.viewbinding.ViewBinding
```

🔼 圖 1.4.4　有開啟 View Binding 會自動產生對應的 Binding Class 檔案

「現在，在處理程式架構前，我先專心把必要的畫面元件加上去。」雖然 IDE 貼心的提供所見即所得的拖拉元件模式，但老姐她還是習慣手動文字編輯，原因我也知道，文字編輯自由度高，複製貼上也方便。

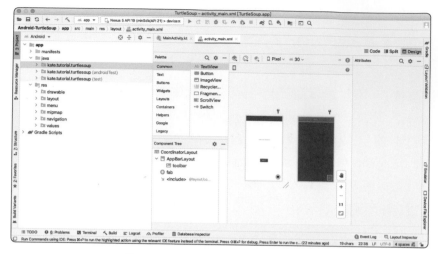

⬆ 圖 1.4.5　拖拉元件模式所見即所得

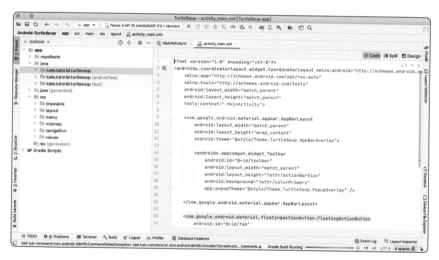

⬆ 圖 1.4.6　文字編輯是 XML 格式呈現

図 1.4.7　専案檔案結構

我湊過去看老姐的螢幕，這個模板看起來主要 UI 是放在 Fragment 裡面，Activity 只包含標題列和浮動按鈕。因為需要列表元件和下拉更新元件，所以在 app 模組下 *build.gradle* 的 dependencies 區塊加上元件函式庫。

図 1.4.8　專案模組自動化建置檔案

```
implementation 'androidx.recyclerview:recyclerview:1.1.0'
implementation "androidx.swiperefreshlayout:swiperefreshlayout:1.0.0"
```

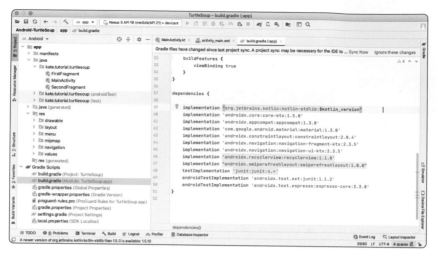

◆ 圖 1.4.9　上方有警示列就是建置設定檔有變動，程式需要與其同步設定

「嗯？妳怎麼有時候單引號有時候雙引號啊？」我的程式碼潔癖不合時宜的冒出來。

「哎呀，有包含變數的情形下一定要是雙引號，反之這兩個寫法都可以，就別計較了，頂多最後專案完成時再統一。還是你要負責 Code Review ？」老姐背後似乎有黑氣漏出。

「別別別，那我不是就沒休息的時間了！」答應下去就不是黑氣程度的問題，是我印堂會發黑。

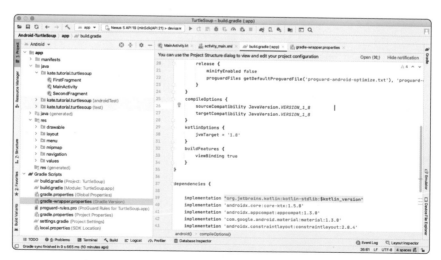

◆ 圖 1.4.10　專案設定視窗入口和上方警示列位置一樣

⬆ 圖 1.4.11　專案設定視窗

老姐本來繼續打算手動編輯 compileOptions 和 kotlinOptions，竟意外發現可以用 IDE 提供的專案設定視窗修改，更安全。但也因此發現 Android 還是只支援到 JDK 8，老姐一臉失望。

我當然是提議去吃大餐轉換情緒囉，嘿嘿嘿，畢竟休息才能走更遠的路！明天的 TODO 還在明天等著我們呢！

Android 小知識

Android 四大組件：Activity、Service、BroadcastReceiver 和 ContentProvider。

- UI 一般都放在 Activity，但有時候只需要局部畫面更新，或是有些物件生命週期不能因為切換 Activity 中斷，此時正是 Fragment 的出場時機。
- Service 通常放花時間的工作，比如播放音樂。
- BroadcastReceiver 可以和其他應用短時間互動廣播事件，比如説收到簡訊。
- ContentProvider 可以拿其他應用分享的資料，比如手機相簿和通訊錄。

Android 小知識

每間公司對 Code Review 的要求重點不同,有的審核者會提供更好的寫法給開發者,有的審核者會期待統一程式風格以便閱讀理解流暢,有的審核者只確認會不會破壞現有狀態。

不論採取的方式是什麼,目標都是讓程式維持好的品質或是越來越好。

1.5 初探語法糖 Scope 系列函式

本以為下班回到家，老姐就會跑去打遊戲，沒想到居然認真的繼續寫程式。

問她不是要休息嗎，她一派輕鬆的表示，一兩個小時的作業時間可以做的事情有限，她今天只會實作串接 API 的架構，等程式順利跑起來就可以專心玩某勇者的百年旅程了。

在她改程式的時候，我問她這幾天對新學的程式語言 Kotlin 有什麼看法。

「嗯……一開始不太習慣程式碼收尾不用打分號。」確實，大部分的程式語言都採用分號表達語意完結，Kotlin 則是用換行取代。

「然後我覺得那個語言開發者可能很喜歡大富翁桌上遊戲。」老姐突然天外飛來一筆，我連接不上她的思考。

「什麼意思？」

老姐興致勃勃的解釋：「就是啊，問號和驚嘆號被賦予的意義很相似大富翁。宣告可變變數 var 時有加上問號，就表示有機會遇上 Null 災厄大魔王；在這種情境下深信不會在毫無準備之下就遇上 Null 命運，就加上雙驚嘆號前進。」

聽到老姐這樣講，腦中不由得浮出一段程式碼。

```
var 百年旅程：冒險？
百年旅程 !!.開始 ( )
```

我忍著笑意回應她：「這麼一聽，的確很相似。那我們工程師就是勇者，要拯救的公主在哪呢？」

老姐眉毛抖動一下就平復下來，沒理會我的耍寶，繼續說她對 Kotlin 的看法。「類別繼承變得更嚴謹，除非是界面或抽象類別，否則能被覆寫的函式一定要使用 open 修飾詞。**值比較**用雙等號，**位址比較**用三等號。不過，」話突然中斷後，老姐走過來把我拉到她的電腦前面。

「感受最深的是 Getter 和 Setter 這兩個屬性函式變成預設，可以直接拿來用，不需要額外的 getXXX() 和 setXXX()。感覺習慣之後可以省下不少打字時間。說到省時間，你看。」她馬上示範了一次複製貼上圖 1.5.1。

「就算是來自其他專案的 Java 程式碼，IDE 都能幫忙轉換成 Kotlin 程式碼。」

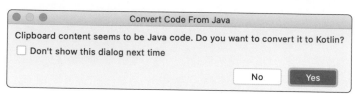

● 圖 1.5.1　程式語言自動轉換

 新手小知識

雖然有快速轉換程式語言的工具，但是還是要測試過是否效果和原本的程式碼一樣。熟悉語法之後，還可以調整效能或是簡化邏輯處理。

老姐嘆了口氣：「要說到現在都比較難習慣的就是 Lambda 系列，高階函式也還在摸索，只知道是把函式當參數。」

「妳說的 Lambda 系列是 Scope 函式吧，它們從 Lambda 的概念延伸，所有物件都可以使用它們。我也還不熟稔，我比較常用到的是 apply、let 和 run 函式。儘管不少好心人在部落格上分享他們的筆記和口訣，但是真的要信手拈來還是要多寫了。」這三個會記得除了常用到的原因，還因為腦海裡很容易浮出相關台詞，比如「Let it go」，「Run this way」和「Apply this patch」。

其他的 Scope 函式每次寫之前都要再讀一次相關的官方文件。大概是官方也知道大家背不起來，提供了表格指引。

Function selection

To help you choose the right scope function for your purpose, we provide the table of key differences between them.

Function	Object reference	Return value	Is extension function
let	it	Lambda result	Yes
run	this	Lambda result	Yes
run	-	Lambda result	No: called without the context object
with	this	Lambda result	No: takes the context object as an argument.
apply	this	Context object	Yes
also	it	Context object	Yes

Here is a short guide for choosing scope functions depending on the intended purpose:

— Executing a lambda on non-null objects: `let`

— Introducing an expression as a variable in local scope: `let`

— Object configuration: `apply`

— Object configuration and computing the result: `run`

— Running statements where an expression is required: non-extension `run`

— Additional effects: `also`

— Grouping function calls on an object: `with`

⬆ 圖 1.5.2　官方 scope-functions 文件

https://kotlinlang.org/docs/scope-functions.html#function-selection

Lambda 函式化的目的是簡潔程式碼,讓判斷和回傳都集中處理,附帶的匿名好處可以節省命名消耗的腦細胞。比如勇者換裝的程式碼本來需要每行都宣告主詞。

```
val 勇者 = 百年旅程 !!. 男主角
勇者.穿上衣()
勇者.穿褲子()
勇者.拿武器()
```

現在可以利用 apply 函式把換裝集中在一個區塊。

```
百年旅程 !!. 男主角 .apply() {
    穿上衣()
    穿褲子()
    拿武器()
}
```

不過老實說，所謂的語法糖就是在該程式語言比較方便的做法，沒有特殊功能，不會使用也只是和其他程式語言一樣。而且如果包太多層 Lambda 系列函式，程式會不清楚 it 是哪一層的，這時需要把其中幾個 it 改名，改成有意義的命名也能增加可讀性。

所以 Scope 函式其實也沒有保護變數的功能，其他執行緒還是可以操控變數，勇者可能還沒拿武器就被怪打死了。

即使如此，我們還是樂此不疲的學習語法糖，語法糖就是有這樣的魅力。

只是，雖說工程師迫於工作需求，都有一定程度的英文能力，但畢竟不是我們的母語，每次都要在腦裡翻譯一遍實在不方便，所以我和老姐分享了自己改寫的版本。

表格 1.5.1　中文版 Scope 函式

方法名	使用方式	本體在方法區塊裡的叫法	方法回傳值
let	本體 .let {}	it	最後一行
run	本體 .run {}	this	最後一行
run	run {}	沒有本體	最後一行
with	with(本體) {}	this	最後一行
apply	本體 .apply {}	this	本體
also	本體 .also {}	it	本體

老姐相當開心，把這個表格印出來貼在筆電外殼。反正是家裡的筆電，上面一堆貼紙是正常的，除了程式小抄以外，筆電外殼還貼有 GDG Taipei 社群貼紙和柴犬貼紙。

這麼一想，也許對工程師來說，蒐集各種科技貼紙也和語法糖一樣，無法克制心底的渴望。難怪之前在 JCConf Taiwan 的攤位，才一擺出貼紙，馬上吸引眾人前來，趨之若鶩。在 JCConf Taiwan 2020 老姐還得到 MySQL 商標的海豚玩偶。議程和廠商攤位都很有趣，下次再有機會還想參加。

⬆ 圖 1.5.3　科技聚會

https://jcconf.tw/2020/

⬆ 圖 1.5.4　資料庫廠商也會擺攤

https://www.mysql.com

1.6 題目列表資料呈現

「喔喔，臉色變好了啊。」辦公室座位隔壁的喵先生，向正要下班的我們打招呼。因為桌上有很多貓咪玩偶，所以大家都叫他喵先生。

「對呀，稍微調整了一下作息。」老姐抬手做了一個眺望的動作，笑容滿面。

「等下也要去多看看綠色，保健一下視力。」喵先生轉頭看向桌上的貓咪玩偶，嘴角彎起。

「真好啊。我明天也早點做完好了，讓它們曬曬太陽。」

「祝你明天順利。」我們走進電梯揮手道別。

電梯裡我忍不住問她：「今天不寫我們的專案了？」

老姐得意洋洋：「目前進度良好，畢竟在公司就習慣接 API，所以昨天寫得很快。」

她在 *AndroidManifest.xml* 的 manifest 節點加上網路使用權限。

🔼 圖 1.6.1　應用權限放在此檔案

```
<manifest package="kate.tutorial.turtlesoup"
    xmlns:android="http://schemas.android.com/apk/res/android">
    <uses-permission android:name="android.permission.INTERNET" />
```

```
    <application>
<!── 略過不表 ──>
    </application>
</manifest>
```

除了在 app 模組下 *build.gradle* 的 dependencies 區塊加上慣用的網路函式庫和資料格式的 JSON 函式庫。

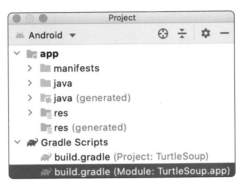

⬆ 圖 1.6.2　專案模組自動化建置檔案

```
    implementation 'com.squareup.retrofit2:retrofit:2.8.1'
    implementation 'com.squareup.retrofit2:converter-gson:2.8.1'
```

至於設定主機位址、API 路徑和資料結構,分別放在 *Repository.kt*、*PuzzleService. kt* 和 *Puzzle.kt*。

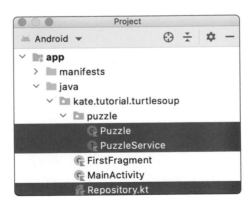

⬆ 圖 1.6.3　設定主機位址、API 路徑和資料結構

主機因為沒有變化需求,所以就宣告成 const val。

```kotlin
private const val BASE_URL = "http://192.168.48.3:8080"
class Repository {
    private val retrofit: Retrofit

    init {
        val builder = OkHttpClient.Builder()

        retrofit = Retrofit.Builder()
            .baseUrl(BASE_URL)
            .addConverterFactory(GsonConverterFactory.create())
            .client(builder.build())
            .build()
    }
    private val puzzleService = retrofit.create(PuzzleService::class.java)
    suspend fun getPuzzles() = puzzleService.getPuzzles()
}
```

題目 API 目前只有孤零零的列表。

```kotlin
interface PuzzleService {
    @GET("/api/puzzles")
    suspend fun getPuzzles(): ArrayList<Puzzle>
}
```

老姐繼續説:「而且專案不只有程式的部分呀,今天是取材唷。顏色和設計這類的,我不是本科系,除了看一些分數高的手機應用以外,出外找一些靈感也是很重要的。」

她從包裡翻出手機,看著 APP 出現網路錯誤的圖 1.6.4,尷尬的説:「啊,我忘記現在不在家,連不到你的主機,等等唷,我找一下之前的手機截圖。」

⬆ 圖 1.6.4　連不到主機的錯誤

「……你看這 APP 看起來多樸素啊，一點都不吸引人。」老姐不滿的說。我眼神遊移，這是我的責任嗎？

● 圖 1.6.5 樸素的畫面

不過還是有辦法在不動排版的情形下改善啦。「哎呀，只是資料顯示馬虎了點，改成這樣就會好多了。」我指出標題的部分改用比較有意義的文字，人數的地方不要只是數字。

老實說，是老姐説了我才知道那個數字代表人數。

● 圖 1.6.6 資料比較完整的畫面

「哇喔，感覺好很多，不過我還是要找一下配色就是了。比如說剛剛那個招牌的綠色很漂亮啊。先拍照，回去再用色彩工具吸管找色碼。」老姐舉起手機拍了幾張照片。

我露出奸笑：「資料等真的有人用就會很真實了啦，反而是妳錯誤文案需要修飾，主機在哪對使用者沒有意義，他們只想知道怎麼解決問題。改成『連線失敗，請確認網路狀態』比較恰當。」

剛好老姐提到畫面，我順帶回饋使用者體驗。UI 和 UX，超級大學問，我們專案請不起設計師，只能兩人互相多多留意了。

老姐又看了一次圖 1.6.6。「那資料就照你說的做，先在限定範圍內亂數？」

我狂點頭，數字遞增只會讓人想到編號索引之類的無機質資訊。「對呀，而且亂數資料 Kotlin 一行就可以寫好了，超輕鬆。」我怕老姐後悔，急忙提供她範例。

```
val title= " 從前從前有碗 " + listOf(" 海龜湯 ", " 孟婆湯 ", " 玉米湯 ", " 南瓜湯 ").random() // 序列亂數
val attendance = (0..10).random().toString() // 範圍數字亂數
```

老姐噗哧一聲，忍不住笑了出來。「看到這個餐點亂數就會想到那個耶。」

「喔，妳說公司那個『午餐餐廳亂數』的程式對吧？」

大家都有選擇困難症，即使撥出時間討論餐廳，也只會縮短用餐時間，所以有人就直接寫了聊天機器人，在通訊軟體的公開頻道裡送出關鍵字「午餐」，機器人就會隨意選一個餐廳回應。

我和開發的同事確認過，餐廳選項可以用其他的關鍵字動態新增，因為餐廳是存在資料庫，不是寫死在程式碼裡的。他還真是勤勞，換作是我，不管是資料庫還是檔案讀寫都覺得超麻煩。餐廳選項又不常變動，寫死在程式碼也沒什麼關係，改程式碼打包也很快呀。我會這麼想是很有道理的，因為就我所知，除了開發者以外，就只有我知道新增選項的關鍵字。

「人數的亂數 0..10 是 0 和 10 都有包含在內嗎？」在我越想越遠的時候，老姐突然把話題拉回來。

喔，Java JDK 8 沒有這個寫法，難怪老姐不知道。

我回答：「對啊，如果不要上限 10 就用 `0 until 10`，也有只取奇數偶數的做法。」

```
`0..10` // 上下限都有
`0 until 10` // 不要上限 10
(0..10).filter { it % 2 == 1 }.random() // 只保留奇數
(0..10).filter { it % 2 == 0 }.random() // 只保留偶數
```

「嗯，科技始終來自於人性，所有高階程式語言的語法到後面的版本應該都會越來越相似，」老姐說著看向手上的 iPhone 手機和 Android 手機，繼續說，「說不定哪天還會統一成一種呢，不知道會是工程師的福音還是災難。不過，那也不是我們能改變的事。」

我愣了一會後打趣道：「嘖嘖，害我緊張，提到手機系統統一還以為妳打算跑去寫 Flutter。」

「也許喔。」老姐眨眨眼，語帶保留。

「Flutter 如果再穩定一點，也許公司就會決策要換成 Flutter，到時就非學不可。只是我現在學的是 Kotlin，自然是更希望 Kotlin 能做到，畢竟學這麼多語言超累啊。當初工作選擇 Android APP 工程師，還以為會 Java 就可以了，嗚嗚。」說著說著老姐的眼底就蒙上一層波光激豔的水霧。

無論眼底的波光是來自淚水還是夕陽的反射，都無法改變現實，我們能做的只有盡力不被市場淘汰罷了。

如果有一天手機平台統一開發，公司裡究竟會是 Android 工程師能存活下來，還是 iOS 工程師，又或是新人工程師呢？

 業界小知識

Flutter 是 Google 開發的框架，使用 Dart 程式語言。可在多個平台 Android、iOS、Windows、Mac、Linux、Google Fuchsia 開發應用，因為是直接轉成 Native Code，所以效能上還不錯。
類似目的的框架還有 React Native，用網站語言 JavaScript 開發，相對 Flutter 效能比較差，但對於網站工程師比較好入門。

1.7 函式擴展和屬性擴展

「喵先生真的把桌上的玩偶都帶回去了呢。」新人工程師第一個發現異狀。

「是呀，難得可以看到他的桌面。」

正在伸展僵硬身體的設計師調整視野方向。「難得的是可以看到他天黑前下班吧！」

經過的專案經理慢悠悠的發言。

今天我倆慢了喵先生一步，正好聽到其他人的閒談。「小公司的優點就是關係比較親密呢。」老姐確認過東西都收好後，提包踏出辦公室。「對了，你昨天用 `filter` 實作奇數偶數，可不可以改用 `step`？還有我試著倒過來用 `10..0` 結果被 IDE 提醒是空的叫我改用 `downTo`，感覺好像被 IDE 嘲笑了。」

……被 IDE 嘲笑，老姐的想像力也太豐富了。

⬆ 圖 1.7.1　被 IDE 提醒範圍是空的

```
for (i in 0..10 step 2) { // 偶數
    print(i.toString())
}
for (i in 1..10 step 2) { // 奇數
    print(i.toString())
}
for (i in 9 downTo 1 step 2) { // 奇數
    print(i.toString())
}
```

幸好我有研究文件，所以能回答這個問題。「那是因為那兩個連續小數點其實是運算子 Operator 的 `rangeTo` 的縮寫啦，所以還是得符合 `rangeTo` 函式的規則，結束數字要大於開始數字。就像字串相加的可以直接用加號，但其實是呼叫 Operator 的 `plus`。」

「不信的話，你可以對『..』使用尋找函式位置的功能。」老姐依言開啟右鍵選單。

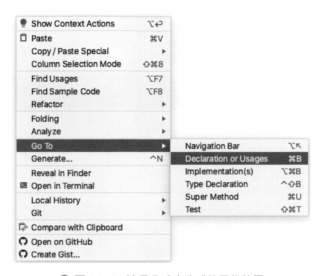

⬆ 圖 1.7.2　追尋函式宣告或使用的位置

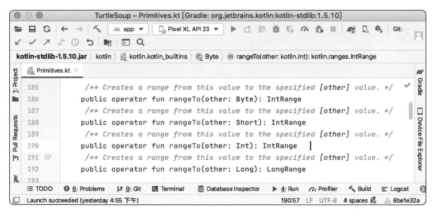

⬆ 圖 1.7.3　軟體 Android Studio 開啟宣告的檔案

⬆ 圖 1.7.4　函式本尊官方 rangeTo 文件

https://kotlinlang.org/api/latest/jvm/stdlib/kotlin/-int/range-to.html

老姐瞇著眼睛看完 Android Studio 自動開啟的 *Primitives.kt*，轉頭發現我的行動。

「你還真是謹慎，打算把官方文件也給我看啊。」

「是呀，因為還有其他類似情況的運算子例子，想說一併都弄清楚比較好。」我招手示意老姐過來看我的螢幕。

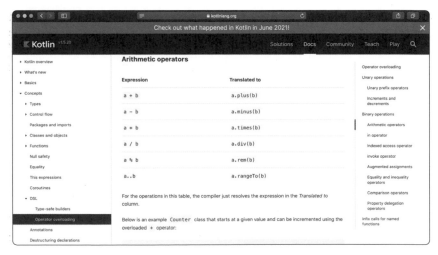

⬆ 圖 1.7.5　官方運算子文件

https://kotlinlang.org/docs/operator-overloading.html#arithmetic-operators

「另外，迴圈那個有點不一樣唷，實際測試會發現：有 `step` 的會是 `IntProgression`，沒有 `step` 的話會是 `IntRange`，`downTo` 也是 `step` 的應用，而 Kotlin 的 `IntProgression` 沒有實作 `random`。」

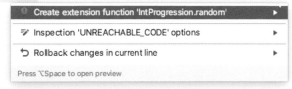

⬆ 圖 1.7.6　因為沒有對應函式，所以 IDE 提示可以自己寫

⬆ 圖 1.7.7　函式 downTo 回傳的結果是 IntProgression 格式

https://kotlinlang.org/api/latest/jvm/stdlib/kotlin.ranges/down-to.html

● 圖 1.7.8　類別 IntRange 本來就有 random 函式

https://kotlinlang.org/api/latest/jvm/stdlib/kotlin.ranges/random.html

「不過有趣的是經過 filter 產生的結果有實作 random 函式。」

```
(10 downTo 0).filter { it % 2 == 1}.random()
```

● 圖 1.7.9　經過 filter 產生的結果有 random 函式

● 圖 1.7.10　因為 filter 回傳的結果是所屬 Collections 的 List 格式

https://kotlinlang.org/api/latest/jvm/stdlib/kotlin.ranges/-int-progression/

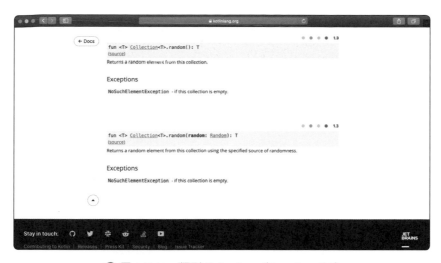

⬆ 圖 1.7.11　類別 Collections 有 random 函式

https://kotlinlang.org/api/latest/jvm/stdlib/kotlin.collections/random.html

「當然也可以自己擴展，比如偷偷塞一個 `filter` 在裡面。」

```
// 寫在 top level
private fun IntProgression.random(): Int { // 格式就是 fun { 被擴充的對
象 }.{ 擴充名 }: 回傳值
    return this.filter { true }.random()
}
```

```
(10 downTo 0).random()//有 extension 萬事 ok
(0..10 step 2).random()//有 extension 萬事 ok
```

⬆ 圖 1.7.12　自製 random 函式

老姐驚呼：「哇，真好！之前沒有擴展功能的時候，都是寫成參數函式引用，要用的時候不只需要記得函式名和存在哪個檔案，而且管理上也超不方便，說不定團隊裡早有人寫好但我們不知道。」

```
private fun random(intProgression: IntProgression): Int { // 黑暗時代
的寫法
    return intProgression.filter { true }.random()
}
```

「重點是除了函式，連屬性都可以擴展！」我乘勝追擊。

```kotlin
fun Application.module(testing: Boolean = false) {
    install(ContentNegotiation) {
        gson {
        }
    }
    routing {
        get("/api/cat") {
            call.respond(mapOf("message" to (0..10 step 2).firstCat))
        }
    }
}
// 寫在最外層
val IntProgression.firstCat: String
  get() = first.toString() + "Cat"
```

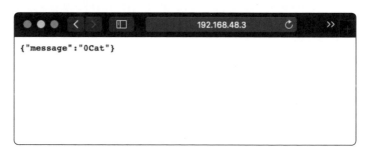

{"message":"0Cat"}

⬆ 圖 1.7.13　被貓咪佔領的屬性

老姐放聲大笑：「哈哈哈，這個妙，明天把擴展實做部分遮住，就可以糊弄喵先生說現在的程式碼連貓咪屬性都是預設了。」

1.8 建立搭配 Exposed 框架的資料庫

用亂數資料撐了幾天，但是老姐也差不多要開始開發建立題目、刪除題目的部分了。

之前建立了新類別 *PuzzleResponse.kt*，屬性和她提供參考的 *Puzzle. kt* 雷同，不過多了識別碼。

和老姐一樣，我也建立一個程式目錄 puzzle 來放題目相關的類別。

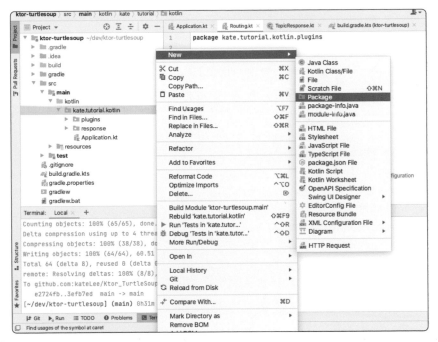

⬆ 圖 1.8.1　新增程式目錄

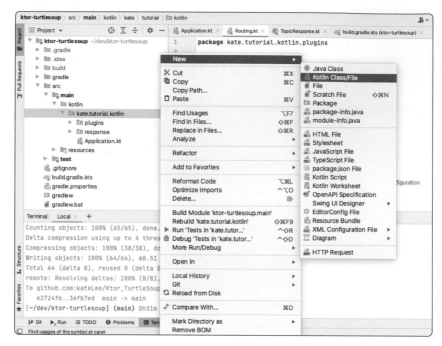

```
data class PuzzleResponse (
    val id: UUID,
    val avatar: String,
    val title: String,
    val attendance: String,
)
```

還因為用了資料類別 data class，被只用類別的老姐關注了一番。我記得那時候是回應「用資料類別，建構式和屬性一步到位」的理由。

這樣新增或刪除屬性，建構式也會連動，不會有漏掉的可能性。有了資料雛型就可以開始挑選資料庫管理系統。雖說各系統的語法上有些微的差異，但大致上是一樣的，所以上架之前都還能更換，最重要的是設計 Table 和 Table Relationship，如果沒弄好而造成查詢速度緩慢或是資料重複就慘了。看過 H2 資料庫網站上的介紹之後，決定試試看 H2 資料庫。

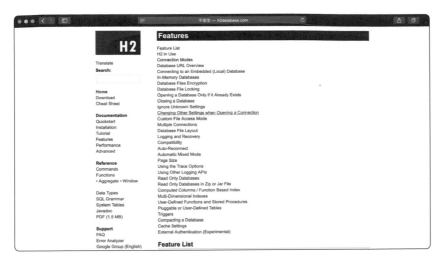

🔼 圖 1.8.3　資料庫 H2 網站

http://www.h2database.com/html/features.html

🔼 圖 1.8.4　眾多資料庫管理系統

選擇 H2 資料庫的原因除了系統本身是用 Java 開發以外,更重視的是它對系統資料加密和 SSL 連線的設計。海龜湯目前並沒有規劃存放隱私資料,是我藉機磨練自己,習慣安全性更高更好的做法。資料儲存方式可以選擇 in-memory 或是 persistent,in-memory 就是只存在記憶體,關機就清空,還滿適合開發階段。

目前只打算讓這個 Ktor 程式可以連線,所以選擇 Embedded Mode;如果將來打算讓其他程式也能連線可能會改成 Server Mode 或是混用的 Mixed Mode。打開資料庫設定視窗後,沒想到資料庫驅動程式要另外安裝,這豈不是用越多種資料庫系統就越佔空間嗎!如果接下來還有其他 Side Project,就統統都用 H2 資料庫吧,哈哈。

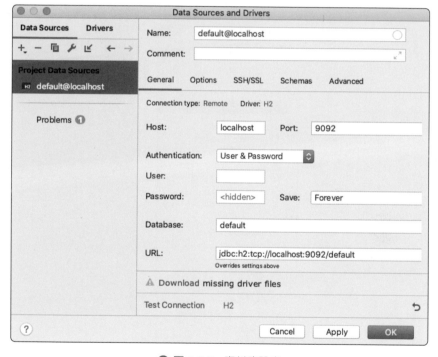

⬆ 圖 1.8.5　資料庫設定

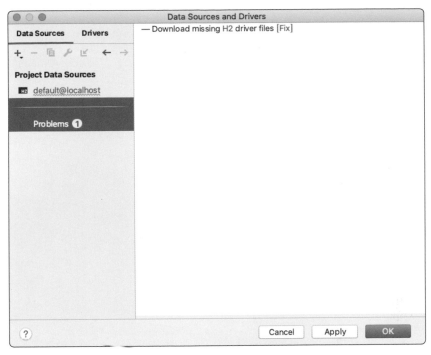

● 圖 1.8.6　下載資料庫驅動程式

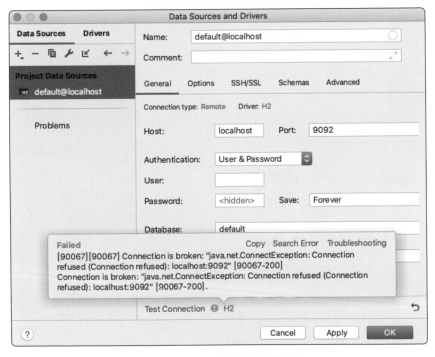

● 圖 1.8.7　資料庫測試連線失敗

都設定完成後就開始測試連線，沒想到居然在一開始就發生錯誤。設定視窗上的確定按鈕沒有變成灰色，說明略過錯誤也可以，但是感覺遲早會出問題，所以還是沉澱心思尋找原因。其實一部份也是擔心後面出了問題，卻沒能聯想起這裡曾經出現的紅字而卡關。

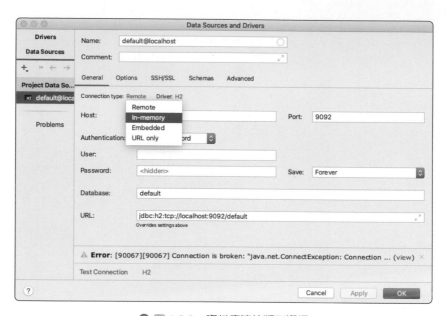

🔺 圖 1.8.8　資料庫連線類型選擇

皇天不負苦心人，最終發現是因為連線類型忘了選擇，更正確的說，當初不知道可以選擇，所以被預設成 Remote 了。啊，不是，誰會注意到圖 1.8.8 上的 Connection type 旁邊的湛藍色文字可以點擊啊。

完完全全沒有存在感啊！算了，抱怨也沒用，我仔細打量出現的四個連線選項。

為了確定意義，還特地去 H2 網站做比對。

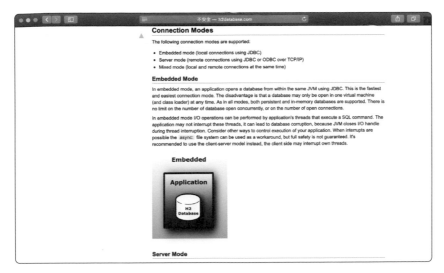

⬆ 圖 1.8.9　連線文件

http://www.h2database.com/html/features.html#connection_modes

原來 IDE 把連線模式和儲存資料組合起來簡化成四個選項。

表格 1.8.1　資料庫可用的連線設定

IDE 選項	用官方的方式解釋
remote	Server 連線（帳密登入）＋ persistent 儲存資料
in-memory	Embedded 連線＋ in-memory 儲存資料
Embedded	Embedded 連線＋ persistent 儲存資料
URL only	Server 連線＋ persistent 儲存資料

因為開發中資料庫欄位常需要變動，所以選擇 in-memory，這樣每次連線結束都會清掉資料。

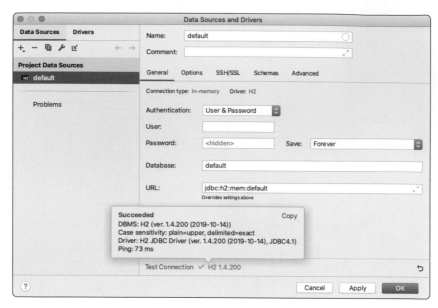

🔼 圖 1.8.10　資料庫連線成功

改完後再次測試連線，這次出現綠色的成功訊息。關掉視窗後出現了可以手動輸入 SQL 的 H2 console。

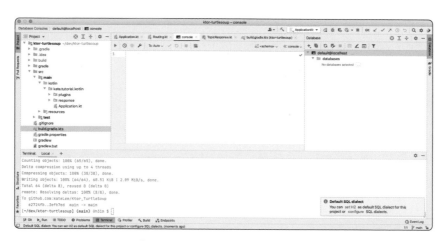

🔼 圖 1.8.11　資料庫 SQL console

H2 console 可以迅速測試語法，不需要重新編譯現有程式。如果在 H2 console 測試過執行結果再放進程式碼，可以節省多次編譯的時間。操作資料庫的框架，Ktor 官方推薦使用他們開發的 Exposed。在多版本存在的情形下，除了採用 GitHub 上標明的 Release 版本，有時候也會參考實際上對各版本的引用情形，因為上架的商品不能當別人的白老鼠啊。

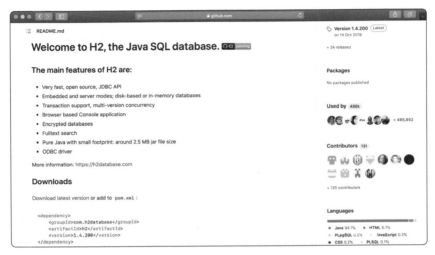

⬆ 圖 1.8.12　官方 H2 程式庫

https://github.com/h2database/h2database

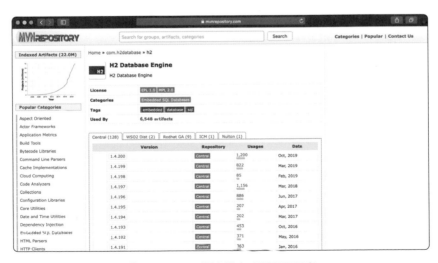

⬆ 圖 1.8.13　版本發布時間和引用率

https://mvnrepository.com/artifact/com.h2database/h2

程式操作資料庫的 Exposed 框架雖然還沒有 1.0 的版本，但是據開發商 JetBrains
相關人員表示沒有什麼大問題。不過我在切換電腦時發現，這些過渡版本會被拿
掉。一旦遺失本地版本的快取，就沒辦法重新取得過去的版本。會發現這件事是因
為我曾經使用過 0.27.1 版本，但是在我借用的另一台電腦上卻無法下載同樣版本。

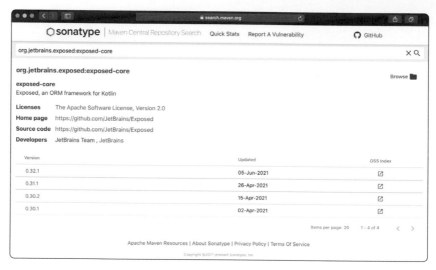

🔺 圖 1.8.14　當下可下載的版本

https://search.maven.org/artifact/org.jetbrains.exposed/exposed-core

一開始我以為是網路問題，後來我重新查過之後發現，如今只剩下 0.30.1 後
的版本。好吧，雖然開發中途換電腦不是那麼常見，但是專案中途有人加入是
很正常的。雖然可以改成以 jar 檔案方式備份管理，但反正還沒到上架階段，
我還是傾向換成最新 Release 版本。總之在專案的 *gradle.properties* 檔案加上
Exposed 最新版本宣告。

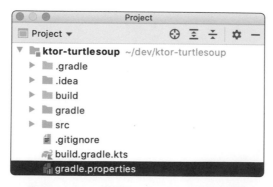

🔺 圖 1.8.15　專案的 gradle.properties 檔案

```
exposed_version=0.32.1
```

接著在 *build.gradle.kts* 檔案最外層引入剛剛指定的版本變數。

```
val exposed_version: String by project
```

就可以放心在 dependencies 區域加上一連串的資料庫函式庫支援。

```
    implementation("org.jetbrains.exposed:exposed-core:$exposed_version")
    implementation("org.jetbrains.exposed:exposed-dao:$exposed_version")
    implementation("org.jetbrains.exposed:exposed-jodatime:$exposed_
version")
    implementation("com.h2database:h2:1.4.200")
```

● 圖 1.8.16　專案自動化建置檔案

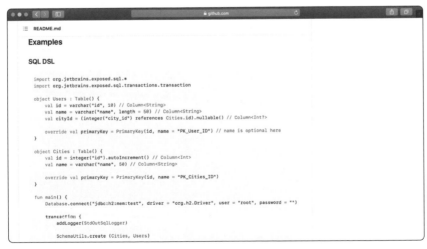

● 圖 1.8.17　官方 Exposed 程式庫和範例

https://github.com/JetBrains/Exposed

正打算照搬 GitHub 上的範例，發現還有 DAO 支援函式庫，DAO (Data Access Object) 利用抽象介面的物件 Entity 操作資料庫，也就是說連 `Select`、`Insert`、`Where` 和 `GroupBy` 這類 SQL 的語法都可以丟在一邊不管了。

先在 dependencies 加上 DAO 支援函式庫。

```
implementation("org.jetbrains.exposed:exposed-jdbc:$exposed_version")
```

就可以忘記 SQL 的語法囉。

……也不是說全部忘記啦，只是至少不用擔心寫出不支援 H2 資料庫系統的 SQL 語法，因為 DAO 會在底層翻譯成各家 SQL 語法。

```
Puzzles.insert { //Puzzles → Table 類別
    it[title] = request.title
    it[description] = request.description
}
```

開心使用物件語法。

```
val data = transaction {
    val puzzle = Puzzle.new { //Puzzle → Entity 類別
        title = request.title
        description = request.description
    }
}
```

今天有點晚了，下次再多撥出一些時間串接這個新的資料庫吧。

1.9 軟體架構 MVVM

今天是老姐的回合，所以我抱著一袋巧克力啃啃啃，補充前幾天因為思考而大量消耗的糖分。老姐說她為了能更好的使用 MVVM 特性，所以要使用 Data Binding。

 業界小知識

Android 目前流行的軟體架構有 MVC、MVP 和 MVVM。

目的都是為了讓程式更好維護和測試，主要的差別在於拆分的方式不同。

MVVM（Model–View–ViewModel）拆分的方式是將畫面（View）、資料結構（Model）和邏輯處理（ViewModel）的開發分開。

老樣子，在 app 模組下的 *build.gradle* 檔案修改，不過因為改動的地方比較多，同步時間也變長了。她先在 dependencies 區塊新加上 Lifecycle 函式庫。

⬆ 圖 1.9.1　專案模組自動化建置檔案

```
implementation 'androidx.lifecycle:lifecycle-extensions:2.2.0'
implementation "androidx.lifecycle:lifecycle-viewmodel-savedstate:2.2.0"
implementation "androidx.lifecycle:lifecycle-viewmodel-ktx:2.2.0"
```

游標移動到 buildFeatures 區塊加上 dataBinding 布林值真值打開功能。

```
dataBinding true
```

本以為結束了，她又在 plugins 區塊加上新成員，然後才關掉 *build.gradle* 檔案。

```
id 'kotlin-kapt'
```

「加這麼多東西，會不會花太多時間在熟悉新架構反而進度拖慢啊？」我又撕開一包新的巧克力開始啃。

老姐視線離開螢幕，出聲反駁我。「可是很值得呀，這樣一來，只要利用 LiveData 特性，資料變動就會自動更新畫面，而 Lifecycle 註冊在 Activity 和 Fragment 上，也不用擔心切換畫面後還在索取前畫面的資料。」

「索取前畫面的資料？那不是浪費伺服器流量嗎！」因為不再是無關之事，我瞪大眼睛看著她。

「對呀，所以就別打擾我了，我還要在題目列表的 Fragment 加上 Lifecycle 的程式碼。」

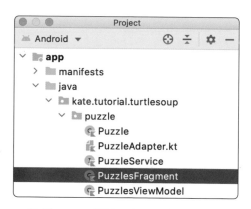

● 圖 1.9.2　題目列表所在的 Fragment

```
override fun onCreateView(
    inflater: LayoutInflater, container: ViewGroup?,
    savedInstanceState: Bundle?
): View {

    _binding = FragmentPuzzlesBinding.inflate(inflater,
```

```
container, false).apply {
        viewModel = fragmentViewModel
    }
    binding.lifecycleOwner = this
    return binding.root


}
```

接著她又對負責版面的 XML 檔案要加上 data 設定引進 ViewModel。

⬆ 圖 1.9.3　目標 Fragment 對應的版面 XML 檔案

```xml
<?xml version="1.0" encoding="utf-8"?>
<layout xmlns:android="http://schemas.android.com/apk/res/android"
xmlns:app="http://schemas.android.com/apk/res-auto"
xmlns:tools="http://schemas.android.com/tools">
<data>
    <import type="android.view.View"/>

    <variable
        name="viewModel"
        type="kate.tutorial.turtlesoup.puzzle.PuzzlesViewModel" />
</data>
< ! --
原本的 layout View 容器移到這裡
→
</layout>
```

然後在列表元件上設定 *PuzzlesViewModel.kt* 的 puzzleItems 為題目清單。

```
        <androidx.recyclerview.widget.RecyclerView
          android:id="@+id/puzzleList"
          android:layout_width="match_parent"
          android:layout_height="match_parent"
          tools:listitem="@layout/item_puzzle"
          app:layoutManager="androidx.recyclerview.widget.
LinearLayoutManager"
          app:puzzleItems="@{viewModel.puzzles}" />
```

puzzleItems 是專案自創獨有屬性，老姐把建立屬性的函式 `bindRecyclerVie
wWithPuzzleItemList` 放在描寫列元件行為的 *PuzzleAdapter.kt* 檔案。

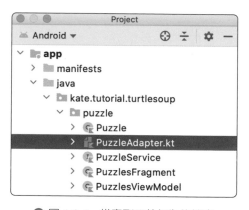

⬆ 圖 1.9.4 　描寫列元件行為的檔案

```
class PuzzleAdapter(private var puzzleList: ArrayList<Puzzle>) :
RecyclerView.Adapter<PuzzleAdapter.ViewHolder>() {

    override fun onCreateViewHolder(parent: ViewGroup, viewType:
Int): ViewHolder {
        val listItemBinding : ItemPuzzleBinding = DataBindingUtil.
inflate(LayoutInflater.from(parent.context),
            R.layout.item_puzzle, parent, false
        )
        return ViewHolder(listItemBinding)
    }


    override fun getItemCount(): Int {
```

```
        return puzzleList.size
    }

    override fun onBindViewHolder(holder: ViewHolder, position: Int) {
        val puzzle = puzzleList[position]
        holder.bind(puzzle)
    }

    class ViewHolder(private val binding: ItemPuzzleBinding) :
RecyclerView.ViewHolder(binding.root) {
        fun bind(puzzle: Puzzle) {
            binding.puzzle = puzzle
            binding.executePendingBindings()
        }

        fun getPuzzle(): Puzzle? {
            return binding.puzzle
        }
    }

    fun setPuzzleList(it: ArrayList<Puzzle>) {
        puzzleList = it
        notifyDataSetChanged()
    }
}
@BindingAdapter("puzzleItems")
fun bindRecyclerViewWithPuzzleItemList(recyclerView: RecyclerView,
itemList: ArrayList<Puzzle>?) {
    itemList ?.let {
        recyclerView.adapter.apply {
            when (this) {
                is PuzzleAdapter → setPuzzleList(it)
            }
        }
    }
}
```

感覺用 BindingAdapter 自創獨有屬性還滿方便的，因為我看到她把網路圖片也
設置了這樣的屬性，如果要更換圖片函式庫，或是函式庫參數有變化，只需要改
動這個函式就能套用到整個程式。

```
@BindingAdapter("imageUrl")
fun bindImage(view: ImageView, url: String?) {
    if (!url.isNullOrEmpty()) {
        Glide.with(view.context).load(url).centerCrop().fitCenter().
into(view)
    }
}
```

列元件版面的 XML 檔案則要用 <data> 綁定單筆 Puzzle 資料。

⬆ 圖 1.9.5 列元件版面 XML 檔案

```
<data>
    <variable
        name="puzzle"
        type="kate.tutorial.turtlesoup.puzzle.Puzzle" />
</data>
```

老姐一口氣處理完上面的動作後,拿起保溫瓶灌了一大口水。「呼,這樣就可以在 XML 檔案的元件裡直接引用資料的屬性,標題我已經綁上 TextView 了。」

```
<TextView
    android:id="@+id/puzzle_title"
    android:layout_width="0dp"
    android:layout_height="wrap_content"
    android:layout_marginStart="@dimen/puzzle_margin"
    android:layout_marginEnd="@dimen/puzzle_margin"
    android:text="@{puzzle.title}"
```

```
                style="@style/TextAppearance.AppCompat.Title"
                app:layout_constraintTop_toTopOf="@id/puzzle_image"
                app:layout_constraintStart_toEndOf="@id/puzzle_image"
                app:layout_constraintEnd_toStartOf="@id/puzzle_
subtitle" />
```

確實，不用在程式碼裡到處通知資料變動，程式碼變的簡潔且可讀性更高了。如果只是幫忙檢查屬性有沒有放錯畫面，連我都能處理。解決資料問題後，剩下的自然就是畫面問題。老姐使用卡片容器包住每列題目，製造陰影和圓角，整個 APP 的質感上升許多。

```
<com.google.android.material.card.MaterialCardView
        android:id="@+id/card"
        android:theme="@style/Theme.MaterialComponents.Light"
        android:layout_width="match_parent"
        android:layout_height="wrap_content"
        android:layout_margin="@dimen/puzzle_margin"
        app:cardCornerRadius="@dimen/puzzle_margin"
        app:cardElevation="@dimen/puzzle_margin" >
        <!-- 原本的題目 layout 直接移進來 -->
</com.google.android.material.card.MaterialCardView>
```

🔼 圖 1.9.6　陰影和圓角

雖然美化 UI 的確要花不少時間和心力，但是成果令人滿意，老姐真的有用心在這個專案上呢。老姐繼續開心地在 Toolbar 上的菜單區域加上兩個按鈕圖示：最愛和搜尋功能。根據 *MainActivity.kt* 裡的 onCreateOptionsMenu 確認菜單檔案是 *menu_main.xml*。

```kotlin
override fun onCreateOptionsMenu(menu: Menu): Boolean {
    // Inflate the menu; this adds items to the action bar if it is
present.
    menuInflater.inflate(R.menu.menu_main, menu)
    return true
}
```

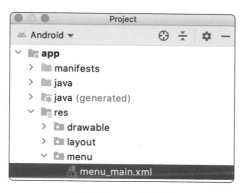

● 圖 1.9.7　主菜單

```xml
<menu xmlns:android="http://schemas.android.com/apk/res/android"
    xmlns:app="http://schemas.android.com/apk/res-auto"
    xmlns:tools="http://schemas.android.com/tools"
    tools:context="kate.tutorial.turtlesoup.MainActivity">
    <item
        android:id="@+id/action_favorite"
        android:icon="@drawable/outline_favorite_24"
        android:title="@string/action_favorite"
        android:contentDescription="@string/content_description_favorite"
        app:showAsAction="ifRoom" />
```

```
<item
    android:id="@+id/action_search"
    android:icon="@drawable/outline_search_24"
    android:title="@string/action_search"
    android:contentDescription="@string/content_description_search"
    app:showAsAction="ifRoom" />
</menu>
```

⬆ 圖 1.9.8　最愛和搜尋按鈕

當然我和她說了，對應的後端功能至少也要等會員功能寫完才會處理，但是她覺得沒問題，她可以先寫好，晚點再接上去，而且她也還沒定稿，搜尋功能也可能換用 Search Bar 造型。

🔼 圖 1.9.9　元件 Search Bar 文件

https://material.io/design/navigation/search.html#persistent-search

接著她準備開始寫建立題目畫面，恰巧昨天我整理了資料關係表，我便和她提了分類和標籤在功能上有些重複，而且分類還有語言翻譯的麻煩。根據不同語言，甚至可能會影響到畫面呈現，比如說某些國家的辭彙組成超長，有的國家文字閱讀順序和英文方向相反。老姐有點猶豫，但最終也同意把它拿掉。

 業界小知識

使用阿拉伯文和希伯來文語言時，內文方向通常是從右至左。
辭彙長的常見國家比如日本。

⬆ 圖 1.9.10　建立題目表單

所以建立題目畫面的必要資訊現在只剩三項：標題、內容和標籤，乾淨俐落！

1.10 函式導向程式設計

在寫到 Android 常用到的點擊列表的監聽函式 Listener 時，可能是被之前使用 Java 的習慣局限住，老姐用了 `abstract` 和 `override` 函式的組合技，換了幾種寫法還是被 IDE 各種拒絕，看她一直卡在這裡，我只好提醒她 Kotlin 可以把函式當參數或是直接把 Listener 做成物件傳入。

「喔！對，可以用高階函式！」她一聽完馬上就選擇前者高階函式的方案，動手改好了程式。她先新增一個繼承 RecyclerView.OnItemTouchListener 的 OnRecyclerItemTouchListener 類別。

```
class OnRecyclerItemTouchListener(val onItemClick: (RecyclerView.
ViewHolder) → Unit = {},
                                    val onItemLongClick:
(RecyclerView.ViewHolder) → Unit = {}) : RecyclerView.
OnItemTouchListener {
    // 略
}
```

然後她把點擊事件函式當作參數傳入。

```
        binding.puzzleList.addOnItemTouchListener(OnRecyclerItemTouc
hListener(onItemClick = { viewHolder →
          if (viewHolder is PuzzleAdapter.ViewHolder) {
              viewHolder.getPuzzle()?.also {
                  val action =
                      PuzzlesFragmentDirections.actionPuzzlesFragm
entToPuzzleFragment(it.id)
                  NavHostFragment.findNavController(this).
navigate(action)
                }
            }
        }))
```

「反正還有時間，也可以試試看後者的做法呀。」我鼓勵她是因為專案前期是最有精神最沒有時間壓力的時候，此時不多方探索，難道要等被死線追著跑的時候嗎？

「喔，那我試試看。」因為已經有成功的案例在前，老姐抱著失敗也沒關係的想法嘗試。

```
        binding.puzzleList.addOnItemTouchListener(object:
RecyclerView.OnItemTouchListener {
        override fun onInterceptTouchEvent(recyclerView:
RecyclerView, e: MotionEvent): Boolean {
            // 略
        }
        override fun onTouchEvent(recyclerView: RecyclerView, e:
MotionEvent) {
            // 略
        }
        override fun onRequestDisallowInterceptTouchEvent(disall
owIntercept: Boolean) {
            // 略
        }
    })
```

 業界小知識

Java 是物件導向程式設計（Object-oriented programming，縮寫：OOP）的程式語言。物件導向程式設計推廣了程式的靈活性和維護性。

Kotlin 在保有前者優點的情形下增加了函式導向程式設計（Functional programming，縮寫：FP），在測試上更加穩定，因為物件可以隨時變化。而測試的可靠性基礎是相同輸入，相同輸出。

「意外的不難呀，真不知道當初我為什麼會在這裡被卡住那麼久。」老姐看向時鐘，隨後腹部發出幾聲哀鳴。

「不是説，程式開發需要的是經驗累積達成的開竅嗎？」話剛説完，我也開始感到飢餓了。

「用腦之後總是需要補充能量，我們叫炸雞外送吧。」老姐動作很快的打開外送網站，直接帶入上次的訂單紀錄。

訂單下完後老姐問我什麼時候可以準備好題目問答系統，我有點尷尬的回應：「關於題目問答即時性的部分，用 Ktor 做可能會有點複雜……」

「不一定要勉強自己用 Ktor 框架，反正推播還是會用 Firebase 的 FCM 服務吧？那就算問答部分的資料用 Firebase 即時資料庫服務應該也還好，而且如果按照原定計畫讓會員功能依賴雲端服務驗證和管理，那就已經確定資料會被分散儲存了。」難題解決後，心有餘力的老姐再次恢復她安慰人的能力。

「其實我後來發現 Ktor 也有支援一些登入驗證的功能，所以也有想過如果整成一套能更自由搬動，只是要花更多時間研究。」網路上的範例有版本上的差異，不能直接套用。

「對我來説只要有 API 可以接就好了，我可期待你的資料讓 APP 更漂亮呢。」老姐嫌棄的看著 APP 的窮酸畫面。

「……」怪我囉？

四周彌漫著不尋常的緊張氛圍。

「叮咚。」炸雞的到來消弭了一場戰爭的火種。

「我還滿喜歡外送網站帶入上次的訂單紀錄，和通知訂單狀態的功能。」這塊雞腿是我的，那塊雞塊也是我的。

「希望我們的遊戲也能讓使用者説出喜歡的理由。」老姐邊喝可樂邊遙想上架後的未來。

「嗯，我們明天也繼續加油。」我舉著雞腿幻想手上的是運動賽的火盃。

「繼續加油。」老姐也拿著另一隻雞腿致意。

明天，會是順利的一天。

1.11　資料庫塞資料的時機到了

今天要開始往後端資料庫塞資料，在程式中執行 jdbc 連線，所以要在 *build. gradle.kts* 的 dependencies 區塊新增函式庫。

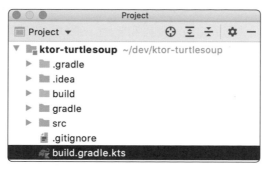

⬆ 圖 1.11.1　專案自動化建置檔案

```
implementation("org.jetbrains.exposed:exposed-jdbc:$exposed_version")
```

然後在 *Routing.kt* 裡開始實作資料庫連線。在 `Application.configureRouting` 函式裡放進連線資訊，內容和之前資料庫設定對話視窗相同，不過 in-memory 要寫成 mem。

```
Database.connect("jdbc:h2:mem:default", driver = "org.h2.Driver")
  transaction {
      SchemaUtils.create(Puzzles)
  }
```

接下來把亂數資料放進資料庫，因為每個 transaction 區塊是一個執行個體。這意味著如果其中一行失敗，整個 transaction 都會回復成執行前的樣子。因此我把建立 table 的程式碼和其他動作切割開。

```
    transaction {
        for (i in 0..10) {
            Puzzle.new {
                author = "Kate"
                avatar = listOf("https://imgur.com/l0swFL1.jpg",
"https://imgur.com/ICOyx7j.jpg").random()
                title = "從前從前有碗" + listOf("海龜湯", "孟婆湯", "
玉米湯", "南瓜湯").random()
                description = "世界......\n需要更多力量......"
                tags = listOf("原創", "動漫小説戲劇衍生", "驚悚", "生
活").random()
            }
        }
    }
```

原本在 API 產生亂數資料的地方，改成從資料庫讀取。

```
    get("/api/puzzles") {
        val response = transaction {
            Puzzle.all().map {
                PuzzleResponse(
                    id = it.id.value,
                    title = it.title,
                    avatar = it.avatar,
                    attendance = (0..10).random().toString() + "人",
                    tags = it.tags
                )
            }
        }
        call.respond(response)
    }
```

然而執行後卻沒有顯示資料，檢查發現是 Table not found 錯誤，這時候想起來
少做了一個 DB_CLOSE_DELAY 設定，沒做設定的時候每個 transaction 區塊一
執行完就會關閉連線，然後記憶體的資料就被清空，而 Table 也是資料的一員，
當然也就不復存在了。

```
  Database.connect("jdbc:h2:mem:default;DB_CLOSE_DELAY=-1", driver
= "org.h2.Driver")
```

DB_CLOSE_DELAY 設定成 -1 可以讓資料庫在服務時保持連線狀態，也就能達成在 Ktor 服務中止時才清空資料的目的。順帶一提，轉移到正式環境後不會繼續使用記憶體資料庫的做法，那時候就需要把連線設定恢復原狀。

[{"id":"ca91b1e1-9b7d-4401-8632-d93e0dd40831","avatar":"https://imgur.com/10swFL1.jpg","title":"從前從前有碗孟婆湯","attendance":"9人"},
{"id":"07387a91-4b7f-417c-befe-7ab997e3094d","avatar":"https://imgur.com/10swFL1.jpg","title":"從前從前有碗海龜湯","attendance":"3人"},
{"id":"4ce31a11-5bf8-4342-9059-c3a492cc7841","avatar":"https://imgur.com/10swFL1.jpg","title":"從前從前有碗孟婆湯","attendance":"10人"},
{"id":"578f290a-5bed-4f89-8439-4a0ed54baa48","avatar":"https://imgur.com/10swFL1.jpg","title":"從前從前有碗玉米湯","attendance":"7人"},
{"id":"ce7dad4d-e416-44b9-981b-4b177cb8f2e7","avatar":"https://imgur.com/10swFL1.jpg","title":"從前從前有碗孟婆湯","attendance":"2人"},
{"id":"663cbcc5-3a9a-4e51-bce9-398942301eda","avatar":"https://imgur.com/10swFL1.jpg","title":"從前從前有碗南瓜湯","attendance":"10人"},
{"id":"d06ab98c-bf30-497e-8dde-5362ed7548f5","avatar":"https://imgur.com/10swFL1.jpg","title":"從前從前有碗南瓜湯","attendance":"0人"},
{"id":"ae26b5fd-0e89-4bbf-92b7-52984e2df47c","avatar":"https://imgur.com/10swFL1.jpg","title":"從前從前有碗孟婆湯","attendance":"6人"},
{"id":"0f8457ce-b1b8-4054-a320-05988c8c59d1","avatar":"https://imgur.com/10swFL1.jpg","title":"從前從前有碗海龜湯","attendance":"3人"},
{"id":"11ec3107-2f26-419a-95ad-0fd7c7fc8de3","avatar":"https://imgur.com/10swFL1.jpg","title":"從前從前有碗孟婆湯","attendance":"7人"},
{"id":"7afa13bd-cd7a-43bc-9596-cceeff16e2c6","avatar":"https://imgur.com/10swFL1.jpg","title":"從前從前有碗海龜湯","attendance":"6人"}]

⬆ 圖 1.11.2　重新整理都是同樣資料，只有人數變化，表示真的是來自資料庫

雖然今天的進度就 APP 的角度來看沒有變化，因為回傳的資料規格沒有變化。但是對後端來說，建立、查詢題目 API 的重要基礎已經打好，很快就能和 APP 真實互動。

1.12 前後端都用 Kotlin 的好處

老姐亮出她的 APP 畫面説今天準備接建立題目的 API。

我露出抱歉的表情，和她説了目前只有題目列表 API 可用。她微笑地把她寫的 Android 串接 Request 和 Response 的物件類別，複製給我。天啊，在這種趕工的時刻深深體會前後端統一用 Kotlin 超級有好處的！我滿懷感激地把 *PuzzleRequest.kt* 和 *PuzzleDetailResponse.kt* 拿來用。

⬆ 圖 1.12.1　建立題目

當遇到伺服器無法處理的問題，程式會拋出例外錯誤 Exception，這時候 HTTP 狀態碼預設是 500 。都是 500 的話難以在第一時間釐清錯誤原因，所以我傾向把可以預測的錯誤用其他狀態碼表示，其他的錯誤再連進後端看錯誤紀錄。所以我裝上 StatusPages 函式庫，可以把網路狀態碼和例外整合處理。

```
    install(StatusPages) {
        exception<BadParamException> { cause →
            call.respond(HttpStatusCode.BadRequest, mapOf("message"
to cause.message))
        }
    }
```

瀏覽器輸入網址預設呼叫 HTTP 請求方法的 GET，現階段 API 還沒有加上其他比如 Header 的客製化資訊，所以題目列表 API 可以用這個手段測試。而刪除或是建立之類 API 的需要其他工具輔助，之前有用過 Postman 之類的 HTTP 客戶端工具。

雖然我個人是希望老姐開發的夠快，可以直接拿她的 APP 來測試，但從她緩慢打字的動作可以推測今天老姐做不完了……

悲觀到此為止，往好處想，這下終於不用被老姐追著進度了。既然如此就來研究 IDE 外掛裡有沒有 HTTP 客戶端工具吧。不過在大海撈針前我先確認一下官方文件有沒有推薦。

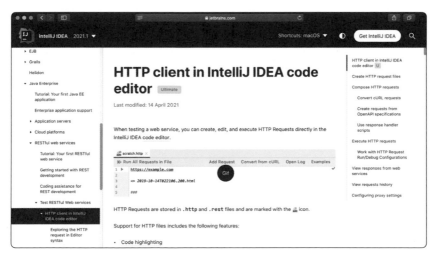

● 圖 1.12.2　工具 Http Client 網站

https://www.jetbrains.com/help/IDEA/http-client-in-product-code-editor.html

果然有，這才是付費版的真諦，什麼工具都幫你準備好的 IDE！金錢不能買逆流的時間，但是可以獲取他人的心血節省自身的時間！話不多說，趕快來建立測試檔案吧。

圖 1.12.3　入口在 Tools

先測試取得題目列表。

```
GET http://localhost:8080/api/puzzles
Accept: application/json

###
```

圖 1.12.4　取得題目列表

```
POST http://localhost:8080/api/puzzles
Content-Type: application/json

{
    "title": " 從前從前有碗冬瓜湯 ",
    "description": " 好喝又便宜 ",
    "tags": " 原創 "
}


###
```

接著測試新增題目也成功，為防萬一是假結果，再次重新取得題目列表。果然和圖 1.12.5 相比，圖 1.12.6 回傳的結果在最後一行多了那筆新增的資料。

⬆ 圖 1.12.5　新增題目

⬆ 圖 1.12.6　再次重新取得題目列表

趁著狀態正好，把取得單筆題目、刪除單筆題目的 API 也寫好之後馬上測試。

```
GET http://localhost:8080/api/puzzles/85ffe397-2299-4aa1-a8ff-
91bc68adabab
Accept: application/json


###
```

⬆ 圖 1.12.7　取得單筆題目

```
DELETE http://localhost:8080/api/puzzles/85ffe397-2299-4aa1-a8ff-
91bc68adabab
Accept: application/json


###
```

⬆ 圖 1.12.8　刪除單筆題目

一切順利如有神助，果然有工具協助就是好呀。

1.13 來自網路另一端的協助

當有一個問題可以從 APP 也可以從伺服器解決的時候，究竟要交給誰解決呢？這個問題從來沒有標準答案。而這個問題今天也發生了。

老姐卡在刪除題目成功後伺服器沒有回傳內容。

🔼 圖 1.13.1　沒有內容產生的血案

現行寫法的 deletePuzzle 預期回傳的是 Unit 不是 null。

```
@DELETE("/api/puzzles/{id}")
  suspend fun deletePuzzle(@Path("id") id: String)
```

「可不可以改成回傳空物件？」老姐淚連連的看著我，她這個問題從昨天卡到今天，晚餐也食不知味。

「可是 HttpStatusCode 的 204 就是 NoContent 呀。本來就不該回傳 body。」如果是已經上架的產品，我會選擇改成 HttpStatusCode 的 200 加上她說的空物件，因為 APP 審核要花個三四天，即時性差。還沒上架的時候，誰沒道理就誰改，或是誰有空就誰改，很自由的。

「卡住的時候先搜尋看看 Stack Overflow ！」雖然不想改伺服器的程式碼，但是幫忙查 APP 的解法還是可以的。

🔼 圖 1.13.2　找答案的好地方 Stack Overflow 網站

https://stackoverflow.com/

她用的是在 Android 開發圈正受歡迎的 Retrofit 函式庫，既然很多人使用，問題應該也早有人遇到。先在 Retrofit 的問題區逛了一圈沒看到解答，於是轉向 Stack Overflow，果然這次也順利度過此劫。

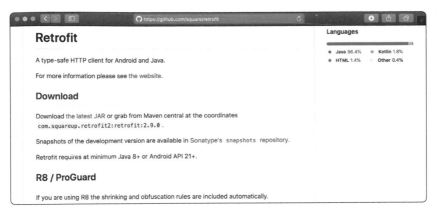

⬆ 圖 1.13.3　網路函式庫 Retrofit 網站

https://github.com/square/retrofit

⬆ 圖 1.13.4　其他人早就遇到同樣問題

https://stackoverflow.com/questions/59636219/how-to-handle-204-response-in-retr

ofit-using-kotlin-coroutines

偶爾有遇過 Stack Overflow 上面提供的方法也不能解決，這時候就真的要靠
自己，一旦我們解出之後也反饋給發題者，網路上的大家互助合作，節省很多
時間。

解決完 APP 的問題之後，老姐一邊開開心心的啃巧克力棒，一邊給我測試回饋。「這幾個 API 沒有問題，但是需要加上權限管理，因為呀，」老姐咬斷巧克力棒後繼續說下去：「現在所有人都可以刪除題目。」

「我知道，所以會員功能要提上日程了。」

天啊，會員功能、聊天室功能、推播功能、付費功能、壓力測試和雲端費用評估等這一堆都是後端的工作，深感任重而道遠。如果未來有演算法工程師可以幫忙推薦使用者他們有興趣的題目就好了。

……停住，夢還是睡著時再做，現在還是去搶剩餘的巧克力棒吧。

1.14 尋尋覓覓，曙光在哪？

老姐一到家就很開心的亮出她的成果。「你看，之前很麻煩的圓形遮罩都可以用 CardView 製作，標籤也不用自己寫 shape，可以用 Chip 元件，Material 函式庫真方便。」

● 圖 1.14.1　題目列表標籤 Chip 元件

● 圖 1.14.2　題目詳情標籤 Chip 元件

看著老姐 APP 的畫面越來越成型，反而嘴裡越來越苦澀。我實在是拿不定主意。

常見的帳號密碼登入系統，如果是用 Ktor 處理，勢必要考慮傳送資料加密，資料庫也必須使用特殊儲存方式，同時還要考慮維持登入的方法，要用伺服器端保有 Session 狀態的 Session Header，還是用 Client Token Header 來處理。

資料加密倒是還好，畢竟現在比較新的手機系統為了資訊安全都禁止沒有加密的連線。只是如果要授權一些第三方社交帳號登入，比如 Facebook、Google、

Github、Twitter 之類的都需要額外製作。更別說 OpenID 了。相對於此，Firebase 本身就有整合登入，Amazon 雲端也有 Amazon Cognito 整合。

 業界小知識

將狀態資料存在客戶端的小檔案被稱為 Cookies，與之相反的，Session 是將資料存在伺服器端。

Cookies 因為在客戶端，容易被有心人取得資訊；而 Session 會占用伺服器的記憶體，在大量使用者上線時壓力增大。

Session-based Authentication 需要兩者搭配使用，將 Session 的 Id 存在 Cookies 裡面，適合在不會跨網域的網站情境使用。

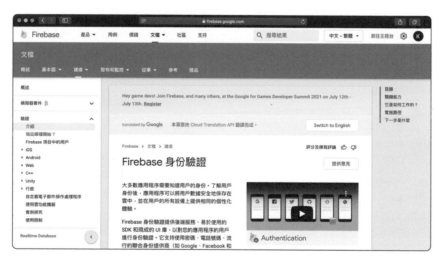

⬆ 圖 1.14.3　官方 Firebase 文件
https://firebase.google.com/docs/auth

⬆ 圖 1.14.4　官方 Cognito 文件

https://docs.aws.amazon.com/zh_tw/cognito/latest/developerguide/

what-is-amazon-cognito.html

只是將 Ktor 部署到雲端後，使用雲端服務管理登入的網路參考文件並不太多，但是要把之前寫好的 Ktor 放棄也有點不甘心。我來回翻動 Ktor 官方文件希望能得到救贖。

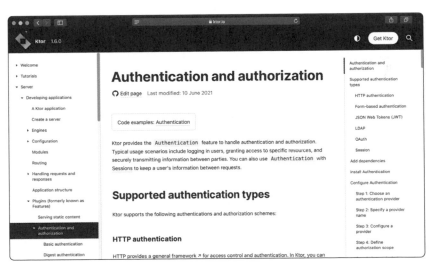

⬆ 圖 1.14.5　官方 authentication 文件

https://ktor.io/docs/authentication.html

耳邊傳來嗡嗡聲響，抬起頭才發現原來是老姐在喃喃自語。仔細傾聽，她似乎是在說著：「在小小的手機畫面裡，如何讓題目和問答共存。」聽起來 APP 畫面設計也陷入難題。

專案進入了漫漫黑夜。

1.15 安裝 Docker 與本機電腦架設 Keycloak

今天是我比較早起，做了比薩吐司補充元氣，老姐在我收拾剩餘材料時走進廚房。

「姐，妳的眼睛怎麼腫了？」好明顯的泡泡眼。

「昨夜翻來覆去，總算想到了適合的設計，解決了題目和問答能並行閱覽的需求，這週應該能做好。」老姐邊打哈欠邊拿走了她那份吐司。

「我也是早上突然想到曾經在社群聽説 Keycloak 登入方案，打算來研究。」先試了再説，不行再用保底方案。

很快，晚上就到了。

⊕ 圖 1.15.1　開放原始碼整合登入方案 Keycloak 網站

https://www.keycloak.org

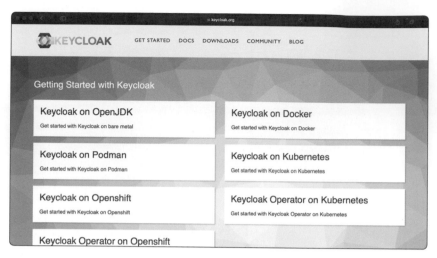

🔼 圖 1.15.2　選擇 Keycloak 方案

「嗯？ Keycloak 有這麼多選擇？那用 Docker 這個方案好了，畢竟 Ktor 上傳到雲端時應該也會用 Docker 處理。」

Docker 可以把程式碼和執行環境一同打包成 Docker Image，是最近比較熱門的方案。最受好評的是能與開發環境一致，不會發布後出現需要通靈的 Bug。現在桌面板 Docker 安裝很方便，就和普通應用程式一樣下載執行安裝。網站也會偵測作業系統，自動導到合適的下載版本。

🔼 圖 1.15.3　桌面板 Docker 官方網站下載

https://www.docker.com/products/docker-desktop

啟動 Docker 之後，Docker 提示可以輸入指令體驗教學範例，不過因為已經決定要使用 Keycloak，就不多此一舉。

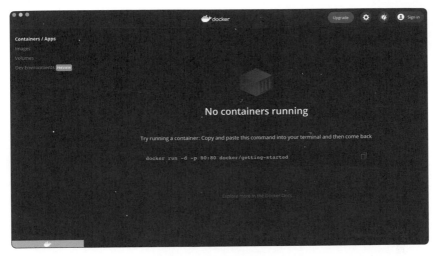

⬆ 圖 1.15.4　啟動 Docker

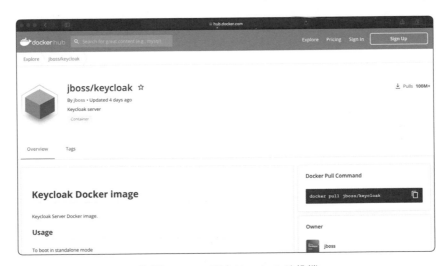

⬆ 圖 1.15.5　官方 Keycloak 映像檔
https://hub.docker.com/r/jboss/keycloak

按照 Docker 網站教學，在終端機下指令下載 Keycloak 的 Docker Image，Docker 指令需要 Docker 程式保持啟動狀態，也許是錯覺，電腦好像開始發熱了。

```
$ docker pull jboss/keycloak
```

等下載的時候沒事做，走去廚房泡了一杯熱牛奶可可，啊，晚上喝暖呼呼的飲料，真是幸福。回到電腦前，看著下載清單的檔案有幾百 MB，心裡不禁開始擔心電腦的儲存空間，查看後確定還有幾 GB 的剩餘，鬆了口氣。

「新電腦還是買 TB 等級的吧。」我自言自語後打開蘋果商店看了一下最新 Mac 筆電配置記憶體 16GB 和儲存空間 1TB 的價錢。呃，五萬起跳，可是還是得買。

「最近電腦當機次數也變多了，等下個月發薪日就買吧。」我說出聲音，彷彿這樣就能說服自己。這個月先忍耐繼續用這台電腦做事吧。

```
Using default tag: latest
latest: Pulling from jboss/keycloak
0fd3b5213a9b: Downloading [=========================================>    ]  51.5MB/54.37MB
aebb8c556853: Download complete
5eb8007e181f: Downloading [==========================>                   ]  40.16MB/73.34MB
cfb4484d0a0c: Download complete
87cee3351dc5: Downloading [==================>                           ]  82.23MB/233.1MB
```

⬆ 圖 1.15.6　下載 Keycloak Docker Image

下載完就可以跑程式了，現在 KEYCLOAK 還架在本機端，所以帳號密碼就用最簡單的 admin password 組合。

```
$ docker run -e KEYCLOAK_USER=admin -e KEYCLOAK_PASSWORD=password -p
10080:8080 jboss/keycloak
```

「喔喔！跑起來了！」因為太興奮不小心叫出聲了，幸好老姐今天跑去逛街，不在家裡。

⬆ 圖 1.15.7　啟動 Docker

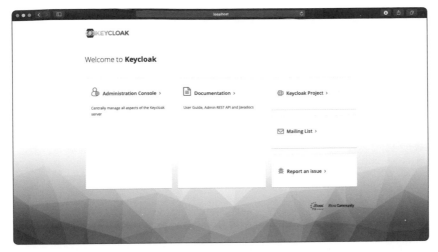

⬆ 圖 1.15.8　架好的首頁

http://localhost:10080/

點進管理控制台 Administration Console，輸入剛剛設定的帳號密碼。

⬆ 圖 1.15.9　管理控制台

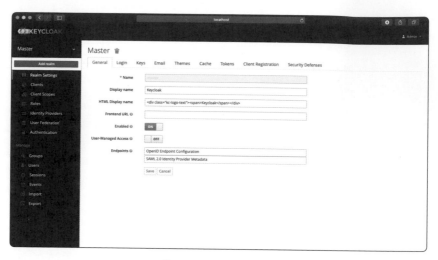

⬆ 圖 1.15.10　設定頁

新增對應我們專案的 zone，阿，不是，是新的領域 realm。那個 Master 是 Keycloak 的，不動它。

⬆ 圖 1.15.11　新增 realm

嗯嗯，果然有 openID 配置。旁邊的 login 分頁選項也可以更改。

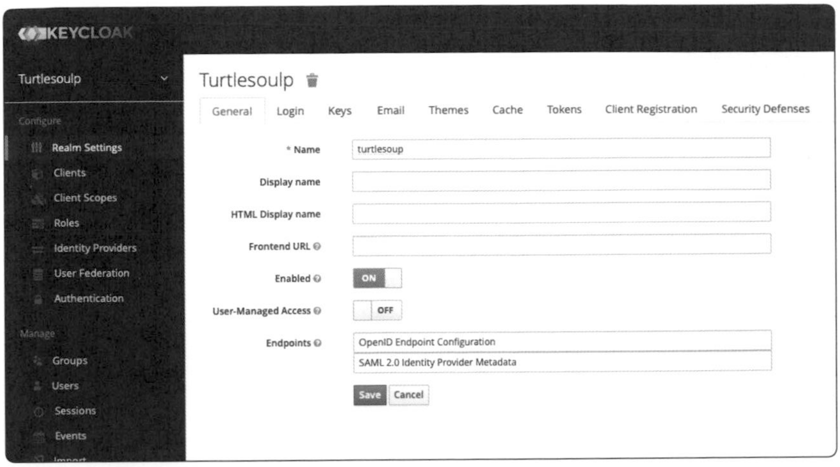

▲ 圖 1.15.12　配置 openID

▲ 圖 1.15.13　設定登入組態

安心了，看起和社群裡説的一致，有協助整合各種社群帳號。

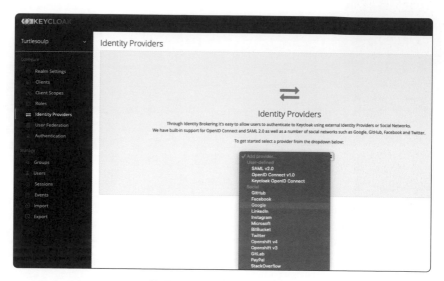

🔼 圖 1.15.14　各種社群帳號

按照説明繼續新增 client。

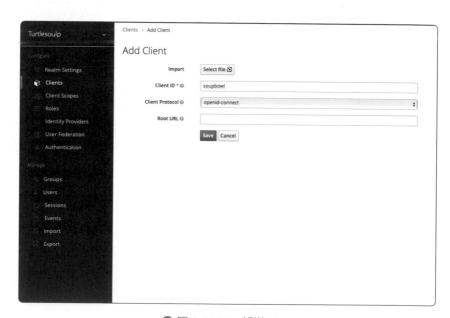

🔼 圖 1.15.15　新增 client

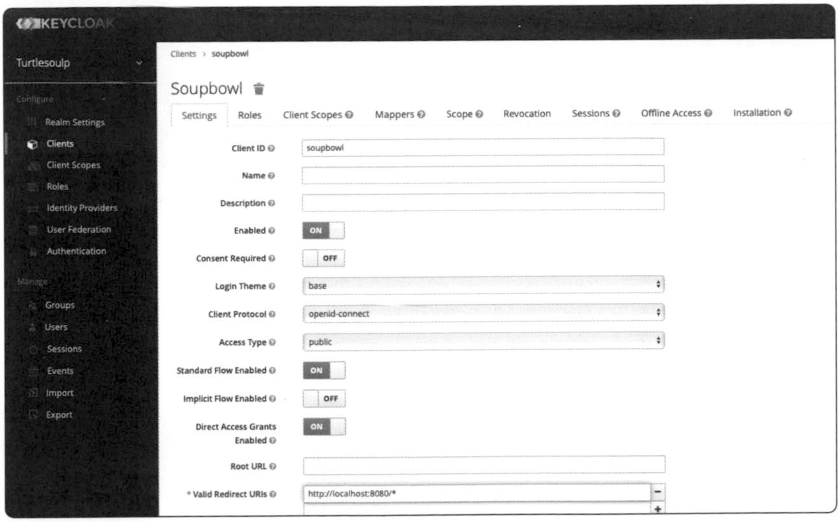

↑ 圖 1.15.16　新增成功的 client

闔上筆電，把**乖乖**放置其上。到現階段都還和預期相同，希望後面也能順利和 Ktor 串接上。

業界小知識

在電腦上放置乖乖是台灣工程圈文化，寓意事情會順利乖乖。

只能放綠色的乖乖，因為業界常規裡結果正常會亮綠燈，錯誤會是紅燈，黃燈作為警示，而燈沒亮就是慘案。

1.16 把 Ktor 綁上 Keycloak 大船

大口深呼吸，現在要開始把 Ktor 綁上 Keycloak 大船了。老姐還笑我太緊張，都不知道我這幾天查了多少資料。官方的範例看起來沒有問題，就是少了些詳細説明，幸好憑經驗多少能補足。

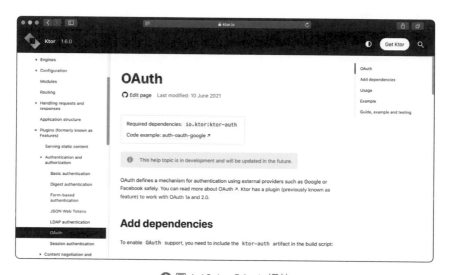

⬆ 圖 1.16.1　OAuth 網站

https://ktor.io/docs/oauth.html

先在 *build.gradle.kts* 的 dependencies 加上相關函式庫。因為 Keycloak 回傳驗證的結果是 JWT 標準，所以也一同加入。

⬆ 圖 1.16.2　專案自動化建置檔案

```
implementation("io.ktor:ktor-auth:$ktor_version")
implementation("io.ktor:ktor-client-apache:$ktor_version")
implementation("io.ktor:ktor-auth-jwt:$ktor_version")
```

在 `Application.configureRouting` 裡加上 keycloakOAuth 程式碼。驗證相關設定要放在 Authentication 作用範圍的 Feature 裡面。

```
install(Authentication) {
    oauth("keycloakOAuth") {
        client = HttpClient(Apache)
        providerLookup = { OAuthServerSettings.OAuth2ServerSettings(
                name = "keycloak",
                authorizeUrl = "$authorizeUrl",
                accessTokenUrl = "$accessTokenUrl",
                clientId = "$clientId",
                clientSecret = "$clientId",
                accessTokenRequiresBasicAuth = false,
                requestMethod = HttpMethod.Post,
                defaultScopes = listOf("roles")
        )}
        urlProvider = {
            redirectUrl("/", false)
        }
    }
}
```

轉向網址的程式碼因為可能會多次用到，獨立出來寫成 `redirectUrl` 函式。

```
private fun ApplicationCall.redirectUrl(t: String, secure: Boolean =
true): String {
    val hostPort = request.host()!! + request.port().let { port →
if (port == 80) "" else ":$port" }
    val protocol = when {
        secure → "https"
        else → "http"
    }
    return "$protocol://$hostPort$t"
}
```

authorizeUrl 和 accessTokenUrl 可在 1.15 節新增的 realm 設定 Turtlesoup 頁面裡，點下 Endpoints 的 OpenID Endpoint Configuration 打開網頁拿到。

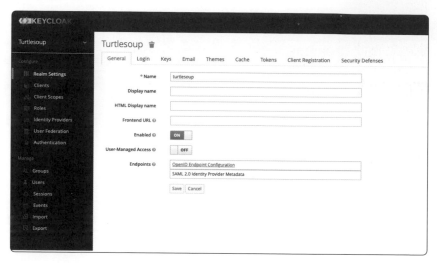

clientId 可在 1.15 節新增的 Clients soup bowl 裡拿到，但 clientSecret 要把 Access Type 改成 confidential 才能有 Credentials 分頁。

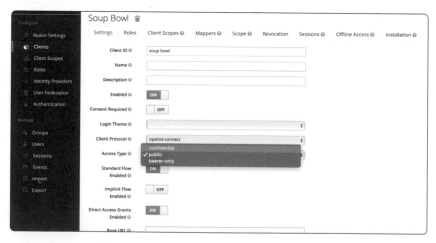

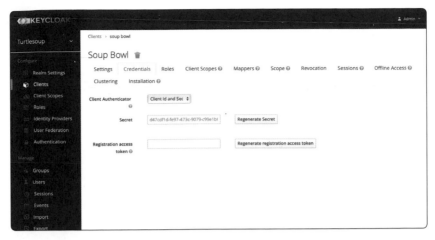

↑ 圖 1.16.5　隱藏版 Credentials 分頁

接著設定登入網址，登入後要拿哪些資料晚點再處理。

```
routing {
        authenticate("keycloakOAuth") {
            route("/login") { // Redirects for authentication
                param("error") {
                    handle {
                        call.respond(call.parameters.
getAll("error").orEmpty())
                    }
                }

                handle {
                    val principal = call.authentication.principal<OA
uthAccessTokenResponse.OAuth2>()
                    if (principal ≠ null) {
                        val token = JWT.decode(principal.accessToken)
                        //todo
                    } else {
                        call.respond(HttpStatusCode.Unauthorized)
                    }
                }
            }
        }
        ...
```

現在打開看看，好，成功顯示登入畫面！因為有開啟註冊功能所以也能看到註冊按鈕！

↑ 圖 1.16.6　登入畫面

http://localhost:8080/login

↑ 圖 1.16.7　註冊畫面

如果要加入其他 OpenID，比如 Google，還是要去各服務開啟設定，再填進來。

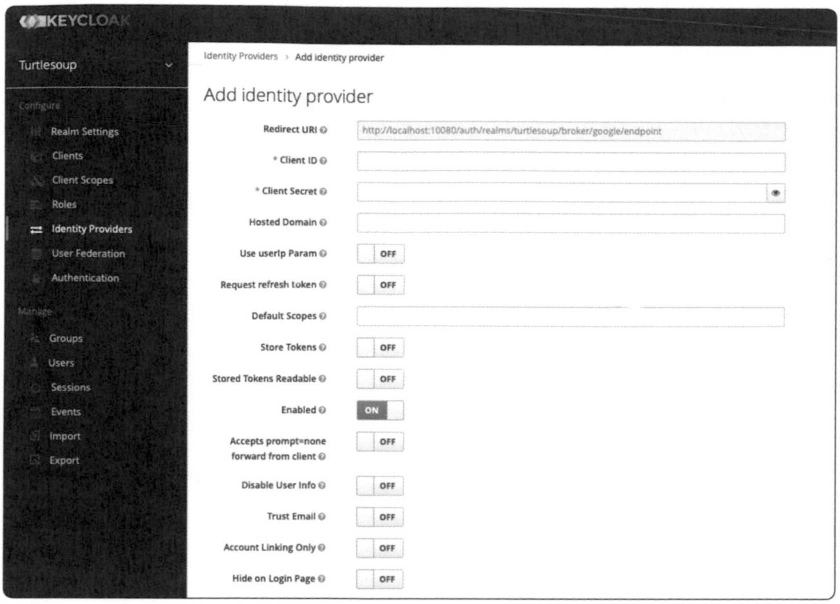

↑ 圖 1.16.8　新增 idp 設定

也就是說，Keycloak 負責的是設計前端網頁、後端傳統帳號密碼系統，還有將各廠商的帳號整合的系統。至於 API 身份驗證和現有題目資料庫作者資料連結，還是要另外花時間設計處理。

唉，明天是可怕的補班日，不知道下班之後還有沒有精力對付 Side Project。

1.17 避開死亡陷阱 NullPointerException

儘管身上滿載補班日的疲累，我還是向老姐展示了這幾天的成果。沒想到老姐露出強烈不贊同的表情。

「現在很多人都有社交帳號，也不用特地為了註冊功能綁上 Keycloak 服務，你沒有時間研究 Keycloak 的程式碼吧？也不知道裡面有沒有不妙的東西。比起裝 Keycloak 我更傾向捨棄註冊功能，而且註冊欄位這麼多，誰都不想填啦！」老姐沒壓住煩躁的情緒，連珠炮控訴。

「哎呀，後面才是妳的真正想法吧。」因為現在每次重開系統，資料都會清空，變成每次都要重新註冊，非常麻煩。不過提到註冊系統，讓我想起公司線上產品的活躍使用者，的確使用社交帳號登入的人數遠多於一般註冊。

 業界小知識

第三方提供的工具本身就帶著風險，曾經有偷取帳號密碼的案例。有些人會選擇付費針對映像檔安全性的檢查工具，或是全部都自己開發。

重視安全的公司如銀行金融業，大部分都選擇不使用第三方工具。

「還有，我發現你 API 的 Bug 囉。」老姐走到我的旁邊，指著我的程式碼。

```
val puzzleId = UUID.fromString(call.parameters["id"])
```

「如果這邊傳的路徑變數 id 不符合 UUID 格式會變成 HttpStatusCode 的 500 錯誤，你忘了處理這種情境吧？」老姐說完，用指節輕敲螢幕上 UUID.fromString (puzzleId) 這行程式碼。

「喔，確實，我忘了這邊可能發生 Exception，我來包一下 try-catch。」

```
            val puzzleId = try { UUID.fromString(call.parameters["id"])
} catch (e: Exception) { throw IllegalPuzzleIdException() }
```

老姐端詳了一下新出爐的程式碼，揶揄道：「看起來你也愛上了 Elvis operator 的問號冒號和 return Lambda Expression ？」

「對呀，看了官方文件後正在努力習慣，不寫累贅的 if (xxx == null) if (xxx != null) 也能保持 Null Safety。」

「Null」是一個美妙但是帶著遺憾的存在，和物理學有名的「薛丁格的貓」有著異曲同工之妙，把所有可能性都放進去。

假定我要寫一個程式去計算箱子裡的貓鬍鬚有幾根，沒去考慮箱子裡的貓可能跑掉的可能性，程式「執行時」發現貓咪不存在，就會引發 NullPointerException。如果只是退出程序那就還好，如果變成無窮找貓咪的存在就有點可怕了。過去 Java 的做法是在計算前加上判斷條件，但是每次都要加上判斷很容易漏掉，而且執行時如果沒遇到跑掉的狀態也不會知道有漏掉檢查。

```
if (cat ≠ null) {
    計算貓鬍鬚
    印出計算結果
} else {
    印出貓不存在的文字
}
```

相對於可能會因為情境不同造成結果不同的執行階段，Kotlin 做到的 Null Safety 提前在編譯階段就能發現問題。

```
cat ?.let {
    計算貓鬍鬚
    印出計算結果
} ?: {
    印出貓不存在的文字
}
```

當然，如果是外部程式或是不合理的使用雙驚嘆號還是可能會引發 NullPointerException，天災人禍難以避免啊。

我仔細研讀官方 Null Safety 文件，力求好好把握原則，善用 Safe calls、Elvis operator 和 Safe casts 技巧。

● 圖 1.17.1 官方文件

https://kotlinlang.org/docs/null-safety.html

● 圖 1.17.2 箱子裡的貓

「至於 return lambda expression 是試出來的，在所有程式碼區塊最後一行試著不加 return，如果 IDE 說不行再補上。」沒錯，就是仗著有 IDE 罩。

意猶未盡之下，我示意老姐看程式後面幾行。「我還發現 `call.respond(HttpStatusCode.NotFound)` 效果等價 `call.response.status(HttpStatusCode.NotFound)`，所以就用比較短的那個取代之前的寫法了。」

老姐和我相視一笑。「善哉！程式碼品質變好，心情也特別愉快。」

寫出優質程式碼的夜晚肯定有個好夢。

1.18 網站和 **API** 開發的不同點

今天是這週唯一的假日，卻也是個雨天。兩位快要發霉長蘑菇的工程師提不起勁來寫程式，於是開始分享最近的開發進度。

我首先開口：「昨天試著把首頁 get("/") 移進 authenticate 區塊，發現這樣就是宣告此頁面需要認證，沒登入的話會自動導向登入頁。」

「……嗯？這樣做網站的話挺方便的，但是給 APP 的 API 不能這樣做，應該要回我網路狀態號碼 401，轉址什麼的我又不是做 WebView 開發。」老姐有氣無力的回應。

⬆ 圖 1.18.1　網路狀態碼參考

https://developer.mozilla.org/zh-TW/docs/Web/HTTP/Status

「其實我也在想是不是要用 Session 開發，因為目前沒有前端網站需求。」說到這，我勉力起身拿了零食櫃裡的夏威夷巧克力豆，倒了一半給老姐。

老姐吃了整整十顆巧克力豆後總算恢復了些精神，嘴裡喃喃道：「應該有方法可以像 authenticate 區塊一樣整合判斷，否則到處複製貼上怕有漏網之魚。比起

Session-based Authentication 我更希望你用 Token-based authentication，把每個網路請求作為與之前任何請求都無關的獨立事件。」

我點頭附和：「嗯，這邊還在研究，另外，因為捨棄先前的 Keycloak，只好重新研究 OIDC 從 Token 裡取得資料的做法，因為不同來源不同屬性命名。」

可能一開始先串接一兩種就好，先從自己有的身份帳號平台開始，比如 Google、Facebook 或是 GitHub，或者直接用 Firebase 整合方案。其實放棄 Keycloak 方案也好，因為使用 Keycloak 意味著要多開一個雲端托管服務。而單一廠商提供的免費雲端托管服務數量通常都限制在一個。

「我想知道你聊天室最後決定怎麼做？想說先知道的話 Android 這邊能先做準備，等我這邊都弄好了也可以過去幫你。」

老姐有點憂心地看著我，因為最近 Ktor 開發比較常碰到問題。「Ktor 有支援 Websocket 協定，Android 那邊應該和串接其他 Websocket 伺服器沒什麼差別。」

我話剛說完就打了一個哈欠，沒辦法，只好回去補眠了，明天也要提起精神上班呢。

 新手小知識

錯誤狀態以 Delete API 舉例：

當沒有傳送題目編號，顯示 400 參數格式錯誤。

當沒有傳送身分資訊，顯示 401 未認證錯誤。

當身分非題目管理者，顯示 403 權限錯誤。

當對應的題目不存在，顯示 404 資料不存在錯誤。

 業界小知識

OIDC（OpenID Connect）是基於 OAuth 2.0 的驗證通訊協定，可用來讓使用者登入相應的應用程式，也能取得基本的使用者相關資訊，比如姓名、電子信箱和頭像。

問答聊天室結構

為了避免像上次一樣白做工的情形,今天和老姐進行了問答聊天室結構的討論。

「什麼時候建立連線?」老姐首先提問。「是玩家進到挑戰題目頁面,還是打開 APP 期間一直連線?」

Websocket 和其他 Restful API 一來一往不同,從 Client 端開始連線後,就可以一直保持連線,讓伺服器端隨時可以主動傳送資料。

「一開始設計的是前者的,但仔細想想以 Websocket 的架構來說完全可以多頻道連線,可以節省推播通知的次數。」我畫了一個流程圖給老姐看。

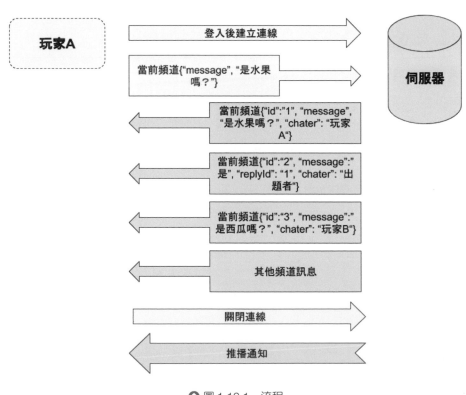

⬆ 圖 1.19.1 流程

「喔喔。感覺不錯耶。我會儲存收過的訊息在裝置裡，你看這樣能不能省流量。」老姐常聽到我們後端工程師的碎碎念，很理解流量等於金錢。

「好，那就用時間分頁，沒拿過的再和伺服器要，這樣的話訊息格式需要再補一個時間欄位。」我記錄下來。

「官方有一些簡單的範例，我會配合其他框架的 Websocket 伺服器資源參考。」我打開兩個官方範例網頁給老姐看。

⊕ 圖 1.19.2　官方範例網頁

https://ktor.io/docs/creating-web-socket-chat.html

⊕ 圖 1.19.3　範例

https://github.com/ktorio/ktor-samples/tree/main/generic/samples/chat

「哈哈，真的，裡面只示範最基礎的連線。」老姐匆匆掃過一遍，對我表示同情嘲笑。

我提醒她：「對了，我記得如果要綁定其他社交帳號服務，需要網域，這部分應該省不了錢，開銷要平分唷。」

「我知道啦，你記到這本帳本上，等最後 APP 要上架到 Google play 商店的時候，我也會把開發人員帳號費用記錄上去。」她遞給我一本小本子。

「那個……我覺得我們可以用 Google Sheet 或是妳之前開的專案管理網站。」請愛護樹木，而且我不覺得這個專案會需要一本本子那麼多的頁數。

老姐無奈地答應：「好啦好啦，什麼都要放到雲端是吧。」

我突然想到一個重要的事，問她：「對了，妳 Kotlin 還有遇到什麼問題嗎？」該不會其實是 APP 那邊不順利才想跑來幫我的吧。

「沒問題的，你不知道現在每週都有一個 Kotlin 線上讀書會嗎？還有各種發展領域的練功場，大家人都很好。」說著老姐就打開讀書會網站給我看。

⬆ 圖 1.19.4　讀書會網站

https://tw.kotlin.tips

（↑）圖 1.19.5　工作坊練功場

「喔喔，真的呢，有 Ktor 和 Android 練功場。」尤其是練功場，會由擁有實戰經歷的工程師領導。我感到相當驚訝也相當開心，這代表 Kotlin 使用者的人數已經不可小看，有種與有榮焉的感受。

「好咧！繼續努力吧！」老姐和我再次進入了專注開發狀態。

1.20 貪婪 Eager Loading 原理——快取和 IN 運算子

老姐經過我身邊的時候看了一下我的螢幕,好奇的問:「下方這些 Log 像是 SQL 指令?」

🔺 圖 1.20.1　執行紀錄 SQL 指令

「對呀,Exposed 會把 DAO 用的 SQL 指令印出來,方便我校對邏輯或是改善查詢方式。像是妳剛剛看到的那幾行邏輯沒錯,但是查詢次數太多了,考慮到雲端服務會用資料庫查詢次數計價,最好使用 Eager Loading。」

「那是什麼?」老姐表示這個專有名詞她沒印象。

直接解釋有點抽象,所以我打開資料庫相關程式碼檔案把 *Puzzles.kt* 和 *Users.kt* 秀給她看。「我的題目 Table 有參考其他 Table,比如作者是使用者 Table。」

```kotlin
object Puzzles : UUIDTable() {
    val title = varchar("title", length = 50)
    val description = text("description")
    val tags = text("tags")
    val author = reference("author", Users)
    val createdAt = datetime("created_at").defaultExpression(Current
DateTime())
}
```

把屬於作者的資訊從題目中抽離出來到使用者 Table。

```
object Users: UUIDTable() {
    val avatar = varchar("avatar", length = 50)
    val name = varchar("name", length = 50)
}
```

「題目列表直接拿的話，裡面每讀一個題目都要查詢一次作者。總題數如果是 N，查詢量就是 1+N。」

```
SELECT 數量 N 的題目資料們
SELECT 題目 1 的作者資料
SELECT 題目 2 的作者資料
…..
SELECT 題目 N 的作者
```

「如果利用快取，查詢量就會是 1+1 次，第一次拿題目串，第二次拿這些題目作者。然後利用程式配對組合。利用 IN 運算子達成範圍查詢。」

```
SELECT 數量 N 的題目資料們
SELECT 作者資料們 in 題目資料們
```

「原來如此，那程式碼寫法差別在哪？」老姐看懂了，但是擔心程式碼要改很多。

「只要在 with 括號裡面註明要一起拿的參考欄位就可以。」

```
Puzzle.all().with(Puzzle::author).map {
    PuzzleResponse(
        id = it.id.value,
        title = it.title,
        avatar = it.author.avatar,
        attendance = (0..10).random().toString() + "人",
        tags = it.tags
    )
}
```

我突然想起來很重要的一件事。「對了，如果欄位用的是 `referrersOn` 要注意，有些版本比如 0.27.1 還沒預設快取，要另外設定。官方 issue 有說未來會改。」

↑ 圖 1.20.2　議題討論

https://github.com/JetBrains/Exposed/issues/1046

老姐滿臉困惑的說:「我剛剛就想問 `referrersOn` 和 `referencedOn` 的意思了。」

「兩者是鏡射關係,A `referencedOn` B 就會造成 B `referrersOn` A。以我們題目和作者的關係來說,題目建立會記錄作者是誰,因此可以反過來查該作者有建立多少題目。」

題目的程式碼很簡單,只是多加上作者的關聯性。

```
class Puzzle(id: EntityID<UUID>) : UUIDEntity(id) {
    companion object : UUIDEntityClass<Puzzle>(Puzzles)

    var author by User referencedOn Puzzles.author
}
```

作者的程式碼亦如是。

```
class User(id: EntityID<UUID>) : UUIDEntity(id) {
    companion object : UUIDEntityClass<User>(Users)

    var name by Users.name
    var avatar by Users.avatar
    val puzzles by Puzzle.referrersOn(Puzzles.author, true)
}
```

我說著乾脆連 DAO Wiki 網頁都拿出來給她看。「想知道更多可以看這邊介紹 ，我也是這幾天聽了一個技術演講，講者提到 Eager Loading 這個觀念，所以我才開始研究的。」

⬆ 圖 1.20.3　官方 DAO 百科

https://github.com/JetBrains/Exposed/wiki/DAO

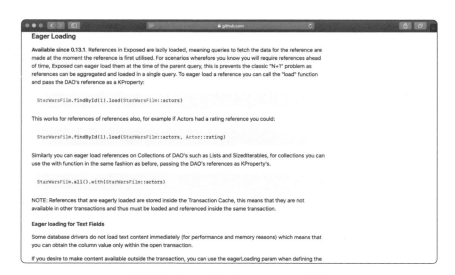

⬆ 圖 1.20.4　官方 Eager Loading 百科

https://github.com/JetBrains/Exposed/wiki/DAO#eager-loading

「演講嗎？是不是快中秋節了 ？」老姐的腦迴路再次連接到另一個神奇的點。

也罷，演講是怎麼連接到傳統節慶的不重要，我翻開行事曆找了找中秋節日期。

「我看看，再兩天就是中秋節。」老姐聽了結果興奮不已，她迫不及待的拿出手機開始撥號。明天的晚餐地點就這麼愉快的決定了。

 業界小知識

資料庫查詢效能會影響到使用者體驗，使用者不希望等很久才能看到結果。
而且太多的查詢量若造成資料庫系統資源耗盡，將導致服務暫時中斷或停止。
因此調校資料庫效能也是後端工程師的必備技能。

1.21 攔截 Route 製作專屬處理

從窗戶飄入陣陣烤肉香，我趕緊揪住老姐，要不然老姐就被勾出去了。「今天放假一天也沒關係的啦。」老姐很不開心，有爆發的趨勢。

「再等我一下，快改好了。」我匆匆加上幾行程式碼，然後執行看看。看到結果我放心的鬆開手中的布料。

「好了，成功了！」

老姐停下腳步，驚訝的問：「什麼什麼？多頻道聊天室架好了？」

「哪有那麼快啦。我是弄好之前說的 API 版本 authenticate。」我邊說邊悄悄把右手的手機藏到背後打字，傳給烤肉店延後十分鐘到的訊息。

「你看，原本的長這樣，需要手動複製很多程式碼。」

```kotlin
get("/api/puzzles") {
    val session = call.sessions.get<LoginSession>()// 需要複製的程式碼
    session?.let {// 需要複製的程式碼
        val puzzles = transaction {
            Puzzle.all().with(Puzzle::author).map {
                // 略
            }
        }
        call.respond(puzzles)
    } ?: call.respond(HttpStatusCode.Unauthorized)// 需要複製的程式碼
}
```

「現在只要把目標 API 移進 authenticationAPI<LoginSession> 區塊。」

```kotlin
authenticationAPI<LoginSession> {
    get("/api/puzzles") {
        val puzzles = transaction {
            Puzzle.all().with(Puzzle::author).map {
```

```
                // 略
            }
        }
        call.respond(puzzles)
    }
}
```

「太神了！你怎麼做到的？」老姐瞪大眼睛。她本以為我只會獨立出一個 method 取代 session?.let 的部分。

「這個嗎，我研究了一下 `authentication` 對 Route 做的事。」要做就做最好的。

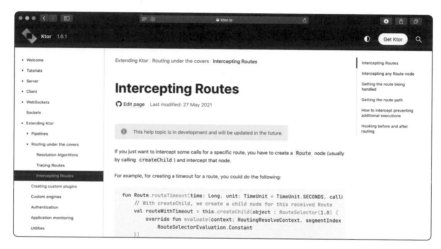

⬆ 圖 1.21.1　官方文件

https://ktor.io/docs/intercepting-routes.html

```
inline fun <reified T> Route.authenticationAPI(callback: Route.() →
Unit): Route {
    // With createChild, we create a child node for this received Route
    val routeAuthenticationAPI = this.createChild(object :
RouteSelector() {
        override fun evaluate(context: RoutingResolveContext,
segmentIndex: Int): RouteSelectorEvaluation =
            RouteSelectorEvaluation.Constant
    })
```

```
    // Intercepts calls from this route at the features step
    routeAuthenticationAPI.intercept(ApplicationCallPipeline.Features) {
        call.sessions.get<T>() ?: run {
            call.respond(HttpStatusCode.Unauthorized)
            return@intercept finish()
        }
    }

    // Configure this route with the block provided by the user
    callback(routeAuthenticationAPI)
    return routeAuthenticationAPI
}
```

我語帶驕傲的解釋:「關鍵是 `createChild`,沒用它的話就會影響到全部的 Route,`finish` 表示提前結束,不用再叫原本的 Route 做事。然後 Session 我用的是泛型,因為説不定後面會是 Multiple Sessions 架構,如果真的是那樣我還可以把 HttpStatusCode 那邊改成參數傳入。」我的手指在鍵盤上蠢蠢欲動。

沒有 finish 的話會白做工,一樣去資料庫拿資料,只是沒印出來。

```
java.lang.UnsupportedOperationException: Headers can no longer be set because response was already completed
```

⬆ 圖 1.21.2　如果在 response 後硬要做事也會出錯

「等一下!還有更重要的事!」老姐一臉驚恐地叫起來:「烤肉預約要遲到了!」

好吧,不確定會重複利用的細部就先不模組化設計了。吃肉去!

 新手小知識

> 泛型(Generic Type)是在不實作一個新類型的條件下就決定類型行為的做法。
> 優點是可以減少不適當的強制轉型和不介意真實類型。

幸好有先傳保留位置的訊息,店門口都是等著候補的客人。店裡雖然人多,但是並不吵雜,因為大都忙著吃肉。整個空間溢滿濃濃的微焦香味。

「先來一盤牛五花!」老姐坐定位置後,馬上點她的最愛。

「那我就點去骨牛小排。」這間燒肉店最受歡迎的招牌菜是牛舌，可惜我倆都不敢吃。

等著美味的肉片慢慢烤熟的時候，老姐突然想起一件事。「說起來不是說好要用 Token-based authentication ？」

「哎呀，被發現了，其實是因為 Session 在現階段比較容易開發和測試，因為 Token 需要驗證呀。」我夾起一片烤好的肉，嗯，油花四濺，好吃！

「也沒那麼難吧，不如我幫你改改，首先不需要 authentication 和 authenticationAPI 的差別，統一都用 authentication，然後把驗證 Session 的地方改成 verifyIdToken，verifyIdToken 目前先空著，理論上可以拿到 Unique Identifier、姓名和頭像。」

```kotlin
inline fun Route.authentication(callback: Route.() → Unit): Route {
    // With createChild, we create a child node for this received Route
    val routeAuthentication = this.createChild(object : RouteSelector() {
        override fun evaluate(context: RoutingResolveContext,
segmentIndex: Int): RouteSelectorEvaluation =
            RouteSelectorEvaluation.Constant
    })

    // Intercepts calls from this route at the features step
    routeAuthentication.intercept(ApplicationCallPipeline.Features) {
        call.request.headers["Authorization"]?.replace("Bearer ",
"")?.let { idToken →
            verifyIdToken(idToken)
        } ?: run {
            call.respond(HttpStatusCode.Unauthorized)
            return@intercept finish()
        }
    }

    // Configure this route with the block provided by the user
    callback(routeAuthentication)
    return routeAuthentication
}
```

「再來一盤牛五花！」我向店員招呼，老姐驚喜的看著我。會搶工作的姐姐是好姐姐，當然要讓她保持滿滿的活力啦。

1.22 聊天室伺服器端和 **APP** 側邊選單

建好題目和問答訊息的資料關係後,可以動手做問答聊天室了。

「姐,我先架了之前說的官方範例。妳試試看 Android 端能不能串接。」我刻意提高音量,因為外面正傳來淨化之音「少女的祈禱」。

老姐埋首於電腦前,鍵盤「達達」作響。「好,我把 Toolbar 上的 Navigation Icon 和一些 Navigation Graph 處理完後就來串接。」老姐這幾天正在忙於做 APP 側邊選單。

伺服器這邊還算順利,按照官方教學是可以執行的。

⬆ 圖 1.22.1　官方 Ktor 後端文件

https://ktor.io/docs/websocket.html

build.gradle.kts 加上對應函式庫。

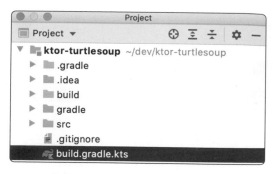

⬆ 圖 1.22.2　專案自動化建置檔案

```
    implementation("io.ktor:ktor-websockets:$ktor_version")
```

要在 `Application.configureRouting` 裡安裝 WebSockets 的 Feature。

```
    install(WebSockets) {
        pingPeriod = Duration.ofSeconds(60) // Disabled (null) by default
        timeout = Duration.ofSeconds(15)
        maxFrameSize = Long.MAX_VALUE // Disabled (max value). The
connection will be closed if surpassed this length.
        masking = false
    }
```

WebSocket API 和 Http API 做法一樣加在 routing 區塊。

```
    webSocket("/chat") {
        for (frame in incoming) {
            if (frame is Frame.Text) {
                val text = frame.readText()
                outgoing.send(Frame.Text("[user]: $text"))
                if (text.equals("bye", ignoreCase = true)) {
                    close(CloseReason(CloseReason.Codes.NORMAL,
"Client said BYE"))
                }
            }
        }
    }
```

因為是 WebSocket 協定，所以聊天室路徑不是 http 而是 ws，本機完整路徑是 ws://0.0.0.0:8080/chat。因為問答設計上是純文字，所以就不需要考慮串流傳輸的可能性，所以只需要短短幾行程式碼。除了儲存送出的回答訊息內容，未來還要加上對應的題目資訊和回答的玩家資訊。

沒有讓我等太久，老姐就開始串接聊天室連線。可惜一執行就遇到了協定錯誤。

↑ 圖 1.22.3　不認識的協定錯誤

從老姐痛苦的神情可以判斷，今天解決不了這個問題。「沒關係，姐！我們還有明天，明天繼續努力！」

「說得好像我拖慢進度，今天我還做了側邊選單耶。」不妙，不妙，老姐生氣的對象從程式轉移到我身上。

我的求生欲使我趕快把話題轉回程式。「對了，我還沒看過妳新做的側邊選單，給我看看好嗎？」

她的臉色馬上一變，露出自得的表情。「我調了一個很漂亮的漸層色唷。」

↑ 圖 1.22.4　側邊選單

老姐指出幾個她比較在意的變化，她先給我看了畫面設置 *activity_main.xml* 檔案。

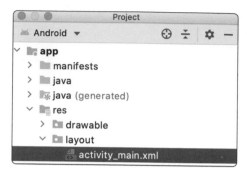

⬆ 圖 1.22.5　主畫面設置檔案

```xml
<?xml version="1.0" encoding="utf-8"?>
<androidx.coordinatorlayout.widget.CoordinatorLayout
xmlns:android="http://schemas.android.com/apk/res/android"
    xmlns:app="http://schemas.android.com/apk/res-auto"
    xmlns:tools="http://schemas.android.com/tools"
    android:layout_width="match_parent"
    android:layout_height="match_parent"
    tools:context=".MainActivity">

    <androidx.drawerlayout.widget.DrawerLayout
        android:id="@+id/drawer_layout"
        android:layout_width="match_parent"
        android:layout_height="match_parent"
        android:fitsSystemWindows="true"
        tools:openDrawer="start"
        tools:context=".MainActivity">

        <include
            android:id="@+id/app_bar_main"
            layout="@layout/app_bar_main"
            android:layout_width="match_parent"
            android:layout_height="match_parent" />
```

```
    <com.google.android.material.navigation.NavigationView
        android:id="@+id/nav_view"
        android:layout_width="wrap_content"
        android:layout_height="match_parent"
        android:layout_gravity="start"
        android:fitsSystemWindows="true"
        app:headerLayout="@layout/nav_header_main"
        app:menu="@menu/activity_main_drawer" />
    </androidx.drawerlayout.widget.DrawerLayout>
</androidx.coordinatorlayout.widget.CoordinatorLayout>
```

「因為我把 *activity_main.xml* 的部分排版挪動到 *app_bar_main.xml*，所以 *MainActivity.kt* 也要跟著改動。View Binding 仍可以繼續用，只是被挪動的元件 binding.toolbar 要改成 binding.appBarMain.toolbar。另外，因為增加了側邊選單元件，appBarConfiguration 裡要加上 binding.drawerLayout，binding.navView 也要設定 NavController。」

```
    setSupportActionBar(binding.appBarMain.toolbar)

    appBarConfiguration = AppBarConfiguration(
        navController.graph, binding.drawerLayout
    )

    setupActionBarWithNavController(navController,
appBarConfiguration)
    binding.navView.setupWithNavController(navController)
```

「這樣啊，話說這個漸層色怎麼調出來的？看起來不像是圖片。」

「建立一個 drawable 檔案就可以了，從哪個顏色到哪個顏色隨時可以改，我還加了個中間色，有沒有特別炫麗的感覺呀？」她打開 *side_nav_bar.xml* 給我看目前的配色設定。

```
<shape xmlns:android="http://schemas.android.com/apk/res/android"
    android:shape="rectangle">
    <gradient
        android:angle="135"
        android:centerColor="#a32cc4"
        android:endColor="#663046"
        android:startColor="#3F51B5"
        android:type="linear" />
</shape>
```

「真的很炫麗，我就知道姐的眼光特別好。」

今天又能和平的過去了，感謝側邊選單的貢獻。

1.23 聊天室客戶端

經過一晚的休息，老姐找到了癥結。官方前端文件範例沒有問題，有問題的是搭配的函式庫。

▲ 圖 1.23.1　官方 Ktor 客戶端文件

https://ktor.io/docs/websocket-client.html

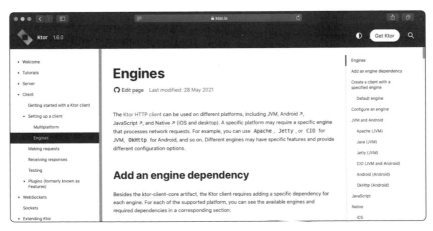

▲ 圖 1.23.2　官方 Ktor 客戶端函式庫文件

https://ktor.io/docs/http-client-engines.html

老姐抱怨：「還以為 Android 就應該用 ktor-client-android 函式庫，結果被坑了。」

Android Engine 不能用 ws protocol 肇因於裡面包的是 HttpURLConnection。重新試過之後發現 OkHttp 和 CIO 哪個都可以，老姐就選了老搭檔 OkHttp。在 app 模組下 build.gradle 的 dependencies 區塊加上 Ktor 提供的客戶端函式庫。

⬆ 圖 1.23.3　專案模組自動化建置檔案

```
implementation "io.ktor:ktor-client-okhttp:$ktor_version"
```

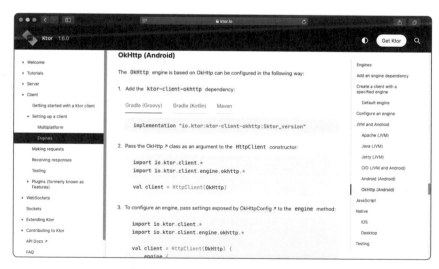

⬆ 圖 1.23.4　官方 Ktor OkHttp 教學

https://ktor.io/docs/http-client-engines.html#okhttp

```
15   fun main() {
16       val wsClient = WsClient(HttpClient { install(WebSockets) })
17       GlobalScope.launch { initConnection(wsClient) }
18
19       document.addEventListener("DOMContentLoaded", {
20           val sendButton = document.getElementById("sendButton") as HTMLElement
21           val commandInput = document.getElementById("commandInput") as HTMLInputElement
22
23           sendButton.addEventListener("click", {
24               GlobalScope.launch { sendMessage(wsClient, commandInput) }
25           })
26           commandInput.addEventListener("keydown", { e ->
27               if ((e as KeyboardEvent).key == "Enter") {
28                   GlobalScope.launch { sendMessage(wsClient, commandInput) }
29               }
30           })
31       })
32   }
```

⬆ 圖 1.23.5　官方 ktor.io 範例

https://github.com/ktorio/ktor-samples/blob/main/generic/

samples/chat/src/frontendMain/kotlin/main.kt

參考官方範例程式碼，將連線功能和發送訊息功能分開。一進到聊天室畫面就先呼叫 connect 函式，監聽訊息。按鈕點擊觸發 send 函式。

```
    private val wsClient = WsClient(HttpClient { install(WebSockets)
}, ::notifyMessage)
    private fun notifyMessage(message: String) {
        //MutableLiveData update ui
    }


class WsClient(private val client: HttpClient,
        private val onReceive: (input: String) → Unit) {
    var session: WebSocketSession? = null

    suspend fun connect() {
        session = client.webSocketSession(
            method = HttpMethod.Get,
            host = "192.168.48.3",
            port = 8080,
            path = "/chat"
        )
    }


    suspend fun send(message: String) {
```

```
            session ?. send(Frame.Text(message))
    }

    suspend fun receive(onReceive: (input: String) → Unit) {
        while (true) {
            val frame = session ?. incoming ?. receive()

            if (frame is Frame.Text) {
                onReceive(frame.readText())
            }
        }
    }
}
```

我看到監聽回傳訊息的函式不由得感嘆。「姐妳對高階函式越來越拿手了耶。」

「當然，我可是看了好幾次文件，也多次在這個 Side Project 裡練手，怎麼可能不進步呢！」

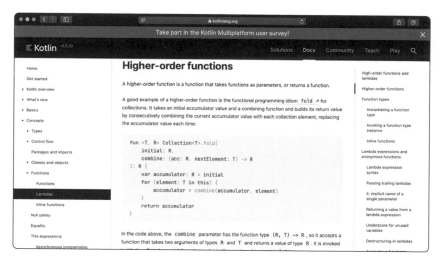

⬆ 圖 1.23.6　高階函式文件

https://kotlinlang.org/docs/lambdas.html#higher-order-functions

老姐自信洋溢，馬上對剛寫好的程式碼進行發送訊息測試。她俏皮的在 APP 上輸入貓星文。

● 圖 1.23.7　送出訊息　　　　　　● 圖 1.23.8　收到回傳訊息

「太好了！姐，妳做到了！」看到圖 1.23.8 成功的結果，我趕快稱讚老姐一下，連彈性放假日都在寫 Side Project，多麼有進取心。老姐雖然開心但還是有點不滿意。「如果用這個函式庫，中途斷線有點被動……，而且萬一將來不用 Ktor，可能要改程式碼。」

說著就直接打開 Okhttp 網站，開始改裝。

● 圖 1.23.9　官方 Okhttp 文件

https://square.github.io/okhttp/4.x/okhttp/okhttp3/-web-socket/

```
implementation 'com.squareup.okhttp3:okhttp:3.14.7'
```

為了能重用剛剛的介面，寫成同樣的外型。

```kotlin
    private val wsClient = WsClient(
        OkHttpClient.Builder()
            .pingInterval(60, TimeUnit.SECONDS)
            .build(), ::notifyMessage
    )
    private fun notifyMessage(message: String) {
        //MutableLiveData update ui
    }

class WsClient(
        private val client: OkHttpClient,
        private val onReceive: (input: String) → Unit
    ) {
        var session: WebSocket? = null

        fun connect() {
            val request = Request.Builder()
                .url("ws:192.168.48.3:8080/chat")
                .build()
            client.newWebSocket(request, object:WebSocketListener() {
                override fun onOpen(webSocket: WebSocket, response:
Response?) {

                    session = webSocket
                }

                override fun onMessage(webSocket: WebSocket, text:
String) {

                    onReceive(text)
                }

                override fun onMessage(webSocket: WebSocket, bytes:
ByteString) {

                }

                override fun onClosing(
```

```
            webSocket: WebSocket,
            code: Int,
            reason: String
        ) {
        }

        override fun onClosed(
            webSocket: WebSocket,
            code: Int,
            reason: String
        ) {
        }

        override fun onFailure(
            webSocket: WebSocket?,
            t: Throwable,
            response: Response?
        ) {
        }
    })
    }

    fun send(message: String) {
        session?.send(message)
    }
}
```

直到看到 APP 呈現和剛剛一樣的成功結果，她終於能放下心來。雖然有點不忍，但是我還是得釐清她對 Ktor 客戶端的誤解。「其實 Ktor 客戶端只是單純的網路客戶端函式庫，和伺服器端是獨立的，就算伺服器更換框架，還是能繼續用 Ktor 客戶端。」

我走過去把她剛剛關掉的文件網頁重新打開。「而且妳在看函式庫文件時沒注意到嗎？ Ktor 的網路客戶端還是跨平台的，所以我想應該會滿受歡迎的。」

⬆ 圖 1.23.10　跨平台

https://ktor.io/docs/http-client-multiplatform.html

「那你怎麼剛剛都不阻止我，害我白花費許多時間。」

「妳動作那麼快，我根本來不及阻止，而且實際上也沒花多少時間吧。」我特別看了一下現在的時間，再次確認。

「連五分鐘都不到呀。」老姐臉上浮現一絲尷尬，她不自覺地用手指搔了搔臉頰。

「喔，是這樣啊。那我先休息，明天記得開會。」

我回覆「知道了」，看她迅速溜走的背影，不由得好笑。其實這次連線的版本我用了另一個找到的範例，會計算連線的使用者數量，並根據順序命名，而這其實比較符合匿名聊天室的需求。

↑ 圖 1.23.11　另一個範例

https://github.com/ktorio/ktor-samples/tree/63f5a9b9ab8c0576a19575

65d1b09675a1292a0e/generic/samples/chat/src/backendMain/kotlin

↑ 圖 1.23.12　顯示不同的使用者訊息

海龜湯專案不需注重進入聊天室的順序，會員資料也會提供名字。但是能夠參考多個範例，對客製化聊天室設計還是很有幫助的。比如裡面把聊天室成員和各自的 WebSocketSession 放進 ConcurrentHashMap 就是個有趣的點子。又或是保留訊息，讓新成員一進入聊天室馬上收到最新幾則訊息廣播的機制。

```kotlin
    /**
     * Handles that a member identified with a session id and a
socket joined.
     */
    suspend fun memberJoin(member: String, socket: WebSocketSession) {
        // Checks if this user is already registered in the server
and gives him/her a temporal name if required.
        val name = memberNames.computeIfAbsent(member) {
"user${usersCounter.incrementAndGet()}" }

        // Associates this socket to the member id.
        // Since iteration is likely to happen more frequently than
adding new items,
        // we use a `CopyOnWriteArrayList`.
        // We could also control how many sockets we would allow per
client here before appending it.
        // But since this is a sample we are not doing it.
        val list = members.computeIfAbsent(member) { CopyOnWriteArra
yList<WebSocketSession>() }
        list.add(socket)

        // Only when joining the first socket for a member notifies
the rest of the users.
        if (list.size == 1) {
            broadcast("server", "Member joined: $name.")
        }

        // Sends the user the latest messages from this server to
let the member have a bit context.
        val messages = synchronized(lastMessages) { lastMessages.
toList() }
        for (message in messages) {
            socket.send(Frame.Text(message))
```

```
        }
    }
    /**
     * Handles that a [member] with a specific [socket] left the server.
     */
    suspend fun memberLeft(member: String, socket: WebSocketSession) {
        // Removes the socket connection for this member
        val connections = members[member]
        connections?.remove(socket)

        // If no more sockets are connected for this member, let's
remove it from the server
        // and notify the rest of the users about this event.
        if (connections ≠ null && connections.isEmpty()) {
            val name = memberNames.remove(member) ?: member
            broadcast("server", "Member left: $name.")
        }
    }
```

這些我都留在筆記裡，現在不用到不代表永遠不會用到。創作的靈感往往來自觸
類旁通，這也是學無止境的原因之一吧。

1.24 獨立支付系統 v.s In APP Purchase

晚飯後，我和老姐拉開椅子，認真的進行專案會議。「目前，專案任務中需要互相配合的大項目還剩下的有：問答聊天室多頻道化、訊息推播和收款。多國語系這個我先拿掉了，沒有人力進行多國行銷，也沒有多國客服。」老姐頓了頓。

「關於收款功能，2020 年 Epic Games 下架事件還滿有名的。我記得是因為這間公司使用獨立支付系統，沒讓 iOS 和 Android APP 應用程式內購 In APP Purchase（IAP）抽收入 30%。而且聽說 2021 年九月要開始全面取締獨立支付系統。差不多一年，我們還是照 Android 開發者網站指引的做 IAP 或廣告比較好吧？」

⬆ 圖 1.24.1　開發者營利指引

https://developer.android.com/distribute/best-practices/earn/monetization-options?hl=zh-tw

「我也是這麼想，假設做得像電商那樣的簡訊 OTP 驗證，就要和銀行或者是第三方金流接服務，雖然抽成相對比較少，但一年不到就改另一套收款系統的話，開發成本對獨立開發者來說好像太高了。」在發生這件新聞之前，我有稍微研究過各家第三方金流，現在只能說白費功夫了。我看著之前研究寫下的筆記，心裡流淚。

國外第三方金流服務如 Paypal 收款服務交易手續費 4.4% 再加上 $0.30 USD，還要在玉山銀行開外幣帳戶。國內第三方金流服務紅陽科技、綠界科技、藍新科技、歐付寶，除基本的刷卡功能以外，有些還支援 ATM 轉帳、超商付款、分期付款，手續費。

「用 IAP 的話，應該就只是姐妳這邊的 Android 工作了？」能少一個是一個。

「我覺得伺服器那邊不可能不做事，否則有人繞開這邊的邏輯就可以無限制取得資料了⋯⋯」老姐若有所思。

「也是啦，那妳整合收款功能的時候我先研究推播和問答聊天室多頻道化功能，等妳確認哪些功能是要收費的我再在伺服器上做對應的修改？」天啊，還有好多事情要做。老姐也這麼想，急匆匆地開始打開官方說明網頁，稍微掃過內容。

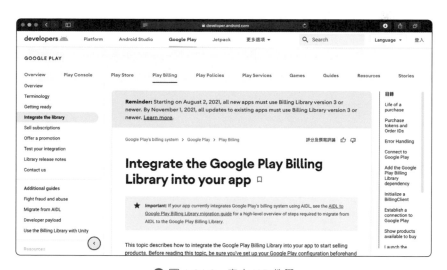

⬆ 圖 1.24.2　官方 IAP 教學

https://developer.android.com/google/play/billing/integrate

「看起來要先買下開發者帳號才能進行 IAP 開發。」老姐發出痛苦的呻吟。

這真是要賺錢就要先付錢的典型例子⋯⋯，我出聲安慰老姐：「至少 IAP 測試時扣的錢不會真的扣下去。」

「不是，真的扣下去就是魔鬼了吧。」老姐目瞪口呆，對我的低標準無法置信。

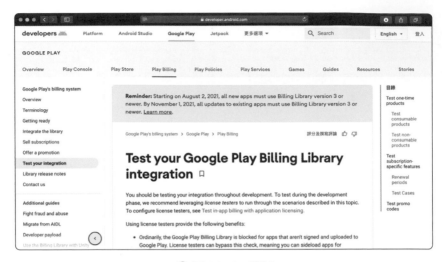

圖 1.24.3　測試

https://developer.android.com/google/play/billing/test

「呃，這個測試條件寫說要另外邀請測試人員，說不定就算是開發者帳號，沒設定成測試人員也要扣錢？」我翻著測試說明文件，提出一個需要注意的地方。

「那就是說測試階段還分成官方測試人員和搶先體驗的使用者的意思吧。」老姐哼著歌，想必是和我一樣聯想到最近的遊戲普遍會做的封閉測試。

圖 1.24.4　新增授權測試人員

https://support.google.com/googleplay/android-developer/answer/6062777

「如果有願意付錢測試的善心玩家真希望也給我們的遊戲也來一打，絕對不嫌多。」我對老姐的話點頭如搗蒜，強力附和。

等專案順利上架後，就去拜個財神爺吧。在被窩裡我迷迷糊糊的想。

1.25 建立 Firebase 專案和雲端訊息 FCM 推播

最近美金還算便宜，老姐應該會趁這幾天買下開發者帳號。我先思考聊天室需要配合專案調整的地方：

1. 不同題目不同問答頻道。

2. 頻道的新訊息廣播給當前頻道成員。

3. 從資料庫取得的過往訊息和廣播訊息的資料結構統一標準。

4. 訂閱的頻道前景背景更新通知。

第四項比較直覺的做法是使用 Firebase 推播服務 Firebase Cloud Messaging（FCM），此服務目前歸 Google 所有。雖然 Firebase 網站有提供可以送定期通知的功能，但因為我們的通知屬於事件觸發，所以要使用 Firebase Admin SDK。

⬆ 圖 1.25.1　官方 Firebase 網站教學

https://firebase.google.com/docs/admin/setup

在那之前需要在 Firebase 後台開對應的專案。

⬆ 圖 1.25.2　官方 Firebase 網站首頁

https://firebase.google.com/

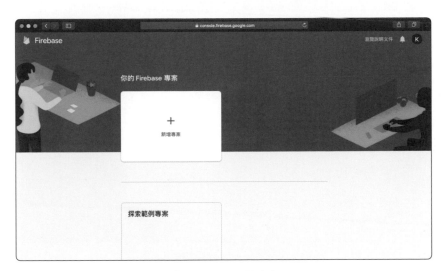

⬆ 圖 1.25.3　開專案

https://console.firebase.google.com/

然後開一個網站配對應用。

⬆ 圖 1.25.4　建立網站配對應用

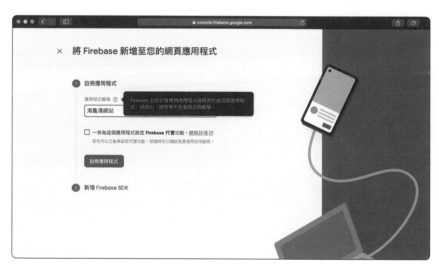

⬆ 圖 1.25.5　這裡的命名不用擔心重複

🔼 圖 1.25.6 這是 JS 程式碼，本次開發可無視

乾脆把 Android 配對應用也打開。

🔼 圖 1.25.7 建立 Android 配對應用

⬆ 圖 1.25.8　填寫 Application Id

「姐，給我看一下妳的 app 模組下的 *build.gradle* 檔案。」老姐抬起頭看了我的螢幕一眼，馬上明白了一切。「喔，你在做 Firebase 那邊的設定對吧？來，給你看。」

```
android {
    compileSdkVersion 30

    defaultConfig {
        applicationId "kate.tutorial.turtlesoup"
        minSdkVersion 21
        targetSdkVersion 30
        versionCode 1
        versionName "1.0"

        testInstrumentationRunner "androidx.test.runner.AndroidJUnitRunner"
    }
```

⬆ 圖 1.25.9　專案模組自動化建置檔案內容

「我打算上架前再改 Application Id，所以現在還是和 Package Name 一樣唷。」老姐認真提醒。

⬆ 圖 1.25.10　填寫 Key SHA1

反正就是上架前還要再開一個新的配對應用，SHA1 也要重填……

因為每次加入新專案都要把所用電腦的 Key SHA1 交給管理後端的同事，老姐早把指令留在筆記上。在終端機上拿到 Mac Android Debug Key SHA1 的指令。

```
$ keytool -list -v -keystore ~/.android/debug.keystore -alias
androiddebugkey -storepass android
```

```
Alias name: androiddebugkey
Creation date: Mar 29, 2017
Entry type: PrivateKeyEntry
Certificate chain length: 1
Certificate[1]:
Owner: C=US, O=Android, CN=Android Debug
Issuer: C=US, O=Android, CN=Android Debug
Serial number: 1
Valid from: Wed Mar 29 15:45:26 CST 2017 until: Fri Mar 22 15:45:26 CST 2047
Certificate fingerprints:
         SHA1:
         SHA256:
Signature algorithm name: SHA1withRSA
```

⬆ 圖 1.25.11　終端機執行結果

未來上架用的 Release Key 指令。

```
$ keytool -list -v -keystore {keystore_path_name} -alias {alias_
name} -storepass {store_password}
```

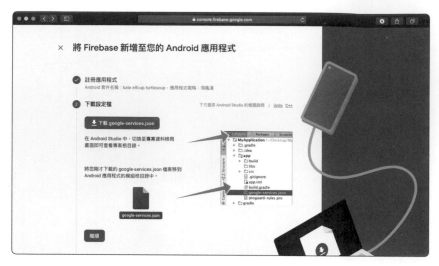

🔼 圖 1.25.12　下載設定檔案

老姐覺得反正手上東西沒那麼快做完，乾脆直接跑來加 Firebase 設定。我把剛下載的 *google-services.json* 傳給她。她按照指示移動到到 app 模組資料夾下。

「嗯？怎麼沒出現在目錄裡？」

老姐老神在在的回答：「因為這個檔案不屬於 Android 結構，要切換成專案結構才看得到。」

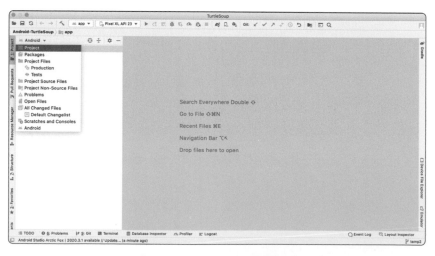

🔼 圖 1.25.13　切換成專案結構

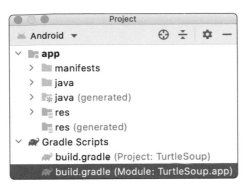

圖 1.25.14　設定檔案

圖 1.25.15　專案模組自動化建置檔案

接著在同資料夾的 build.gradle 的 plugin 區塊加上新成員。

```
id 'com.google.gms.google-services'
```

在 dependencies 區塊加上函式庫。

```
implementation 'com.google.firebase:firebase-messaging-ktx:22.0.0'
```

圖 1.25.16　官方函式庫

在上一層的專案資料夾的 *build.gradle* 的 dependencies 加上 classpath。

```
classpath 'com.google.gms:google-services:4.3.8'
```

🔼 圖 1.25.17　專案自動化建置檔案

🔼 圖 1.25.18　建立完成

越來越專注的老姐呢喃著：「之前開發的其他專案程式碼也可以移植過來，這個專案在收到問答推播後需要額外顯示未讀狀態在畫面上，所以應該也要擴充客製化 `FcmListenerService` 類別。*AndroidManifest.xml* 的 `application` 節點也要註冊推播接收服務 `MyFcmListenerService`。」老姐的手指在鍵盤和觸控板之間的移動越來越快，越來越快，只能看到殘影！

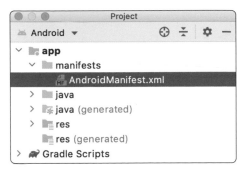

⬆ 圖 1.25.19　應用四大元件在此檔案註冊

```
    <meta-data
        android:name="com.google.firebase.messaging.default_
notification_icon"
        android:resource="@drawable/ic_stat_ic_notification" />
    <meta-data
        android:name="com.google.firebase.messaging.default_
notification_color"
        android:resource="@color/colorAccent" />

    <service android:name=". MyFcmListenerService">
    <intent-filter>
        <action android:name="com.google.firebase.MESSAGING_
EVENT" />
    </intent-filter>
```

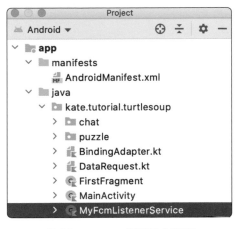

⬆ 圖 1.25.20　推播接收服務

圖 1.25.21　推播接收服務範例

https://github.com/firebase/quickstart-android/blob/master/messaging/app/src/main/java/com/
google/firebase/quickstart/fcm/kotlin/MyFirebaseMessagingService.kt

```
override fun onNewToken(token: String) {
    // If you want to send messages to this application instance or
    // manage this apps subscriptions on the server side, send the
    // Instance ID token to your app server.
    sendRegistrationToServer(token)
}
```

「嗯？把 Token 推到伺服器上的 API 呢？」老姐陡然停下，轉頭問我。

「等等，妳超車了，我這邊還沒做呀。」不愧是經驗的差別，專業的複製貼上，一流的速度，望塵莫及呀。

「如果你後端還沒做好，那讓我借用 Firebase 控制台推播測試通知吧。」

「好吧。」我不甘心的將座位讓出。

⬆ 圖 1.25.22　控制台推播功能

⬆ 圖 1.25.23　填寫通知的標題和內容

◆ 圖 1.25.24　設定通知對象

座位互換沒多久，老姐再次喊我：「幫我看看我的手機裝置推播 Token 是多少？在 Logcat 裡可以看到。」

我用 Firebase 當過濾條件，很快找到目標。「這串 Token 很長耶，我共用編輯文件複製貼上給妳。」

「OK。」

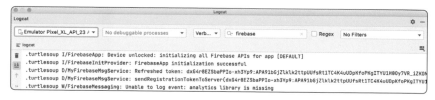

◆ 圖 1.25.25　手機裝置推播 Token

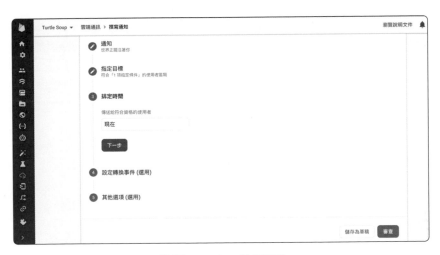

⬆ 圖 1.25.26　指定應用

⬆ 圖 1.25.27　排定時間

老姐很快將座位還給我。「通知已經送出了，等下就會收到。」

「老姐，妳很有信心呀。」

「當然，你以為有推播的專案我寫過幾個了！」老姐仰頭翹起鼻子，這個樣子有點可愛也有點好笑，我正想說些什麼時，桌上的手機發出震動聲。

老姐看完手機螢幕露出勝利的笑容。「你看，我就說沒有問題吧。」

這時候只要比出雙手大拇指就可以了。

1.26 雲端訊息 FCM 推播

今天一定要挽回一些顏面。「姐，我昨天忘了告訴妳，妳用的是純 Kotlin 開發，所以最好換一下函式庫唷。」

```
implementation 'com.google.firebase:firebase-messaging-ktx:22.0.0'
```

「噢，對，不小心複製到 Java 的函式庫了，我馬上改，還有別的嗎？」老姐做出虛心求教的樣子。

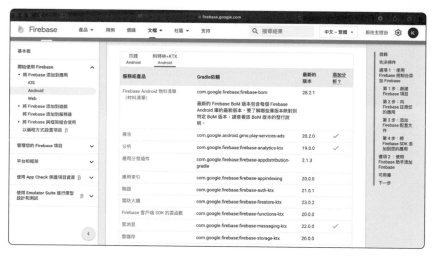

⬆ 圖 1.26.1　相依庫

https://firebase.google.com/docs/android/setup#available-libraries

「還有，妳沒有加上分析的函式 analytics，我昨天看妳的 Logcat 裡有 Unable to log event 的警告訊息。官方雖然不強迫，但反正為了客群分析，遲早要加的，何不現在就加上？」

老姐從善如流：「說的也是，既然不只一個 Firebase 函式庫，那我就改用 BOM 依賴，方便管理版本。」

```
// Import the Firebase BoM
implementation platform('com.google.firebase:firebase-bom:28.2.0')
implementation 'com.google.firebase:firebase-messaging-ktx'
implementation 'com.google.firebase:firebase-analytics-ktx'
```

「至於昨天妳問的 Token 要傳到哪。我確認過 Firebase Cloud Messaging 提供兩種多裝置推播訊息，其中有一個 Topic messaging 模式，訂閱方式相對簡單。我規劃的流程是 APP 先用 API 告訴伺服器要訂閱哪個題目，伺服器訂閱成功後回傳給 APP 對應的 FCM Topic Name，這樣伺服器就不用經手 FCM Registration Token。」

● 圖 1.26.2　官方 Topic messaging 文件

https://firebase.google.com/docs/cloud-messaging/android/topic-messaging

我迅速的切換到專案設定下的服務帳戶面板，下載 Firebase 控制台私鑰。

⬆ 圖 1.26.3　服務帳戶面板

⬆ 圖 1.26.4　產生控制台私鑰

在 *build.gradle.kts* 加上 Firebase Admin 函式庫。

⬆ 圖 1.26.5　專案自動化建置檔案

```
implementation('com.google.firebase:firebase-admin:7.0.0')
```

在 `Application.configureRouting` 裡加上私鑰程式碼。

```
val serviceAccount = FileInputStream("/Your-firebase-adminsdk-
xxx.json")
val options = FirebaseOptions.builder()
    .setCredentials(GoogleCredentials.fromStream(serviceAccount))
    .build()
FirebaseApp.initializeApp(options))
```

加一個測試用的 API 推播通知，因為主題消息訂閱今天可能來不及生效，所以就和昨天一樣套用手機裝置推播 Token。

```
get("/api/messages") {
    val message: Message = Message.builder()
        .setNotification(
            Notification.builder()
                .setTitle("FCM Message")
                .setBody("世界正關注著你")
                .build()
        )
        .setToken("Your Registration Token")
        .build()

    FirebaseMessaging.getInstance().send(message)
    call.respond(HttpStatusCode.OK)
}
```

「我這邊也好了。」老姐暫時把訂閱的程式碼放在 *MainActivity.kt* 的 `onCreate`。

```
FirebaseMessaging.getInstance().subscribeToTopic("Puzzle")
        .addOnCompleteListener { task →
            var msg = "subscribed"
            if (!task.isSuccessful) {
                msg = getString(R.string.msg_subscribe_failed)
            }
            Log.d("MainActivity", msg)
            Toast.makeText(baseContext, msg, Toast.LENGTH_
SHORT).show()
        }
```

執行測試用的 API 後，我們靜靜的等待手機震動的那一刻。

「叮咚！」平常聽慣的聲響如今就像天籟。我急忙確認手機螢幕通知列表！新鮮的推播通知「世界正關注著你」成功送達！

⬆ 圖 1.26.6　通知列表

「辛苦了啊。」老姐拍拍我的肩膀。

「嗯，為了避免之後忘記，我把 setToken 改成 setTopic 再去休息。」

```kotlin
get("/api/messages") {
    val message: Message = Message.builder()
        .setNotification(
            Notification.builder()
                .setTitle("FCM Message")
                .setBody(" 世界正關注著你 ")
                .build()
        )
        .setTopic("Puzzle")
        .build()

    FirebaseMessaging.getInstance().send(message)
    call.respond(HttpStatusCode.OK)
}
```

我闔上筆電，起身看向窗外夜晚城市的燈光。三十天的日子就快結束了，順其自然吧。

1.27 上架 Google 開發者帳號

「叮咚、叮咚。」綿延不止的推播通知聲讓老姐有點尷尬。

「雖然推播通知寫完很好，不過這樣好像和 Websocket 功能衝突了，而且這只是個小遊戲，大家應該也不想常常收到通知。」啊，看起來把通知時機設定在聊天室訊息更新不太適合。太多通知會讓人想移除 APP 呢。

「也是啦，那就限縮推播通知的功能，細節我晚點再想想。妳 Google 開發者帳號買了沒？」

「好啦好啦我馬上買。」老姐嘆氣，心不甘情不願地拿出錢包。怕老姐又打退堂鼓，我坐在她旁邊監視著她。

看到年齡限制，老姐『噗嗤』的笑出來：「原來只要 18 歲就可以註冊了啊，感覺錯過了好多。」

⬆ 圖 1.27.1　開發人員帳號教學

https://support.google.com/googleplay/android-developer/answer/6112435?hl=zh-Hant

🔼 圖 1.27.2　註冊開發帳號交錢

我提醒她：「海外刷卡會收手續費，所以要找高回饋的卡唷。」

老姐覺得我鄙視了她的智商。「當然囉，喔，匯率 28.8，所以不算手續費的話720 台幣呀。」

因為 Google 會先試刷 1 美金，所以馬上就知道匯率。

🔼 圖 1.27.3　開發帳號完成

在填商家資料的地方，我和老姐比寫程式的時候更加絞盡腦汁。

🔼 圖 1.27.4　空空如也的應用程式列表

🔼 圖 1.27.5　建立應用程式

總算在 Google Play 後台建立了 APP 欄位 ，我催促她「趕快開啟 APP 的內購功能」。

「沒那麼快啦，要先填收款資料。」老姐安撫我。

⬆ 圖 1.27.6　沒設定收款商家帳戶不能用

⬆ 圖 1.27.7　收款設定

「原來收到的不是台幣……」我大為吃驚！

⬆ 圖 1.27.8　填收款資料

「對，是美金，而且還是海外匯款，要填 SWIFT BIC，這東西還要去銀行查。」老姐慶幸的繼續說：「幸好之前就有開外幣帳戶，這家銀行也有外匯教學。」

🔆 圖 1.27.9　銀行匯款資訊

https://www.ctbcbank.com/html/applyform/remittance-notes-ebank.pdf

🔆 圖 1.27.10　需要上傳有權限的 APK

「接下來只剩在 APP 程式做對應修改了……」老姐在 *AndroidManifest.xml* 加上帳單權限，接著把 APP 專案打包成 *app-release.aab* 上傳到封閉測試版本。

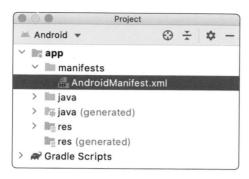

● 圖 1.27.11　應用權限放在此檔案

```
<uses-permission android:name="com.android.vending.BILLING" />
```

「姐，可是我看文件已經更新成不用改 *AndroidManifest.xml*。」

「耶？真的欸。在 app 模組下 build.gradle 的 dependencies 區塊加上慣用的帳單函式庫就可以了。」

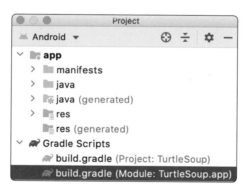

● 圖 1.27.12　專案模組自動化建置檔案

```
def billing_version = "4.0.0"
implementation "com.android.billingclient:billing-ktx:$billing_version"
```

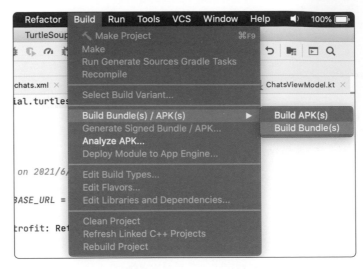

⬆ 圖 1.27.13　打包入口

「哦？除了 APK 還有其他格式？」我很驚奇。

老姐用看笨蛋一樣的眼神看我。「你過時了，2021 年 8 月開始，要在 Google Play 商店上架的程式必須使用 AAB 格式，其他管道分享才能用 APK 格式。」

「不過我看除了格式以外，其他流程都沒有改變啊。」我看著老姐的操作困惑。

老姐耐心回答：「改善的不是流程是打包工作，目標是縮小檔案大小，減輕網路負擔和手機容量負擔。」

⬆ 圖 1.27.14　選擇 Android App Bundle

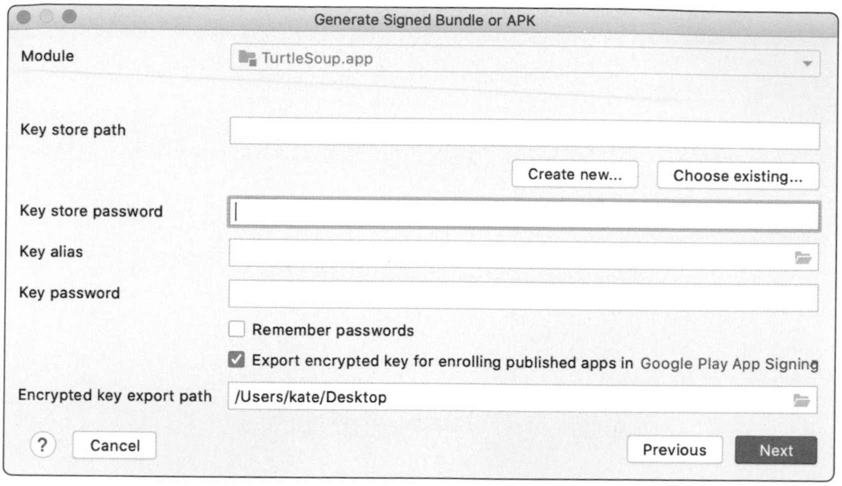

圖 1.27.15　簽署的 Key Store 可選擇舊有或建立新的

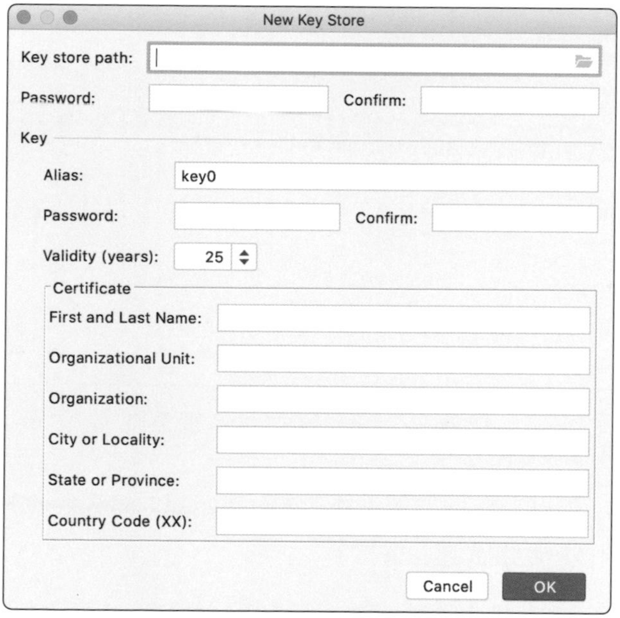

圖 1.27.16　建立新的 Key Store

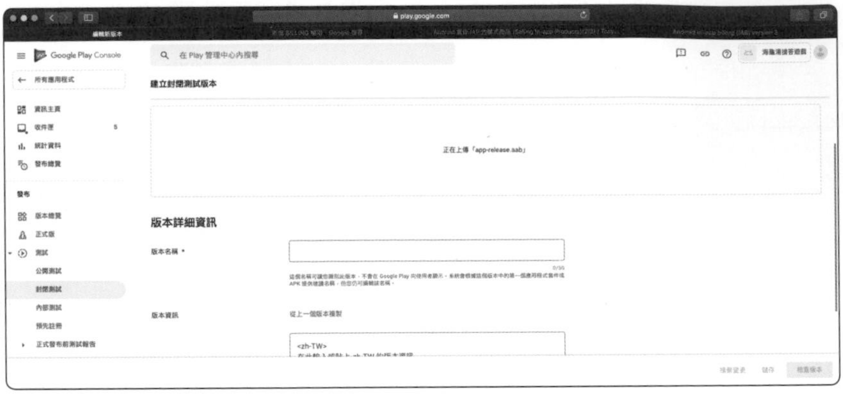

↑ 圖 1.27.17　上傳到封閉或內部測試區

↑ 圖 1.27.18　空空如也的商品列表

老姐開心的説：「看起來沒啥問題，接下來要開始研究廣告和付費功能了，這樣下個版本上傳之後就能看到產品清單了。」

這一連串的設定只讓我感到頭暈目眩，不過錢交出去就沒回頭路了！倒是有個從 2021 年七月開始的好消息。「姐，妳看，業者每年獲得的前 100 萬美元營收，服務費會從原本的 30% 降至 15%。」

老姐淡淡一笑，無所謂的説：「反正我們應該也不會到達 100 萬美元營收吧。或者説，可以交到 30%，等於超過小企業程度，反而是個光榮。」

「感覺像是每年交所得稅時爸媽說的話。」我邊說邊眨眨眼睛。

老姐冷漠地翻開記帳本。「先把我們的開發費用賺回來再想其他吧。」我們看著目前還是空白的定價策略發呆。

「這個要怎麼評估才可以啊？」我不行，我沒有這個技能樹。

「參考其他市面上的相似商品吧。」老姐在專案的任務列表上加上新的一條任務——蒐集商品價格資訊。

1.28　上傳 Docker Image 到雲端 Heroku

今天一打開 IntelliJ IDEA Ultimate 就看到提醒，雖然 Ktor 伺服器功能還沒全部寫完，但 30 天的試用期快結束了，只好趕緊上傳到雲端。

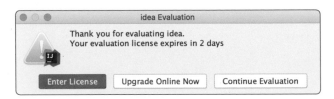

● 圖 1.28.1　試用期日期到數

畢竟 Web 和 Mobile APP 不同，隨時能上傳更新。先參考官方範例把專案打包成 Docker Image。在專案目錄下加上 *Dockerfile* 和 resources 資料夾下加上 *application.conf*。

把終端機路徑切換到專案目錄下用 Gradle 指令準備要打包的檔案。

```
$ ./gradlew installDist
```

成功的話，可以在 build 資料夾下的 install 資料夾下看到和專案同名的資料夾。

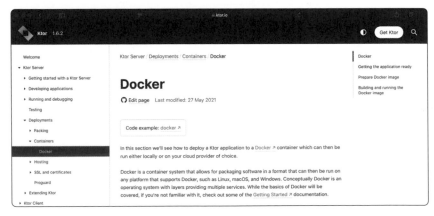

● 圖 1.28.2　官方文件
https://ktor.io/docs/docker.html

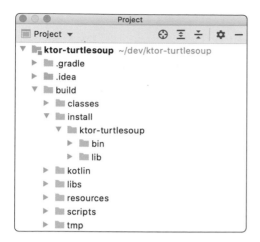

● 圖 1.28.3　要打包的檔案在和專案同名的資料夾下

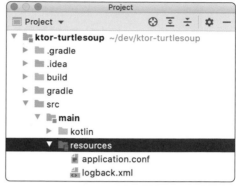

● 圖 1.28.4　專案目錄的資源資料夾

把 *Dockerfile* 的內容對應專案調整。

```
FROM openjdk:8-jdk
EXPOSE 8080:8080
RUN mkdir /app
COPY ./build/install/ktor-turtlesoup/ /app/
WORKDIR /app/bin
CMD ["./ktor-turtlesoup"]
```

然後開始 build docker image。

```
$ docker build -t my-application .
```

順利看到映像檔案列表出現 my-application。

⬆ 圖 1.28.5　映像檔案列表

先試試本地 Docker，和 IDE IntelliJ IDEA 預設的連接埠 8080 錯開，改用 8081。

```
$ docker run -p 8081:8080 my-application
```

localhost:8081 跑起來沒問題，看到 Hello World 了，接下來準備上傳到雲端。

```
ktor {
    deployment {
        port = 8080
    }

    application {
        modules = [ kate.tutorial.kotlin.ApplicationKt.module ]
    }
}
```

考量到價格和容器支援度的因素，決定選擇架設在 Linux 容器的 Heroku。免費方案每月基礎額度有接近 23 天的 550 小時，根據閒置半小時就會進入休眠模式的狀態來看，應該足夠一個專案使用；只是重新啟動會花費半分鐘左右的時間，所以免費服務有提供進階機會，認證信用卡的話會提供 1000 小時額度，搭配外部服務定時喚醒，就能保持全天候開機狀態。超過一個專案，或是質疑外部服務的穩定度，也可以升級成愛好方案，每個專案每月支付 Heroku 七美金一勞永逸。

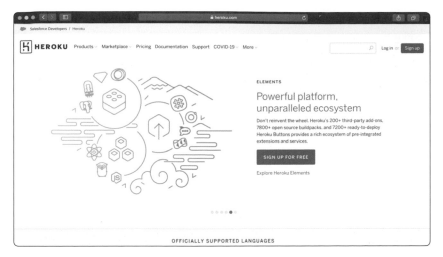

🔼 圖 1.28.6　網站 Heroku 首頁

https://www.heroku.com/home

因為是打包成 Docker 檔案而不是 jar 檔案所以不適用這個教學，但是可以用來找到安裝 Heroku CLI 的路徑。

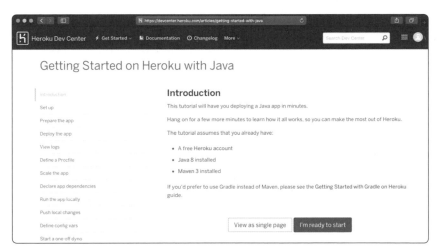

🔼 圖 1.28.7　找 Heroku CLI 的路徑

https://devcenter.heroku.com/articles/getting-started-with-java

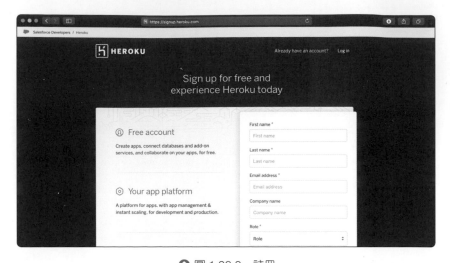

⬆ 圖 1.28.8　註冊

https://signup.heroku.com

註冊資訊需要姓名、電子信箱、國家和角色定位。安裝好之後就可以在終端機用
註冊好的新鮮帳號登入了。

```
$ heroku login
```

輸入指令會請求到網站認證身分，認證完成會看到自己登入成功的資訊。

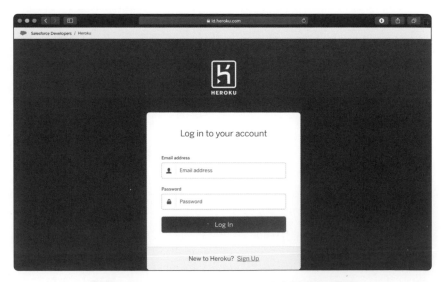

⬆ 圖 1.28.9　如果網站不是登入狀態會開啟這個畫面

```
Logging in ... done
Logged in as kate@example.com
```

接著建立上傳對應的 Heroku 新專案，名字不指定，得到隨機名 immense-spire-xxx。

```
$ heroku create
```

接下來只要執行下面的指令，其中 push web 指令比較耗時，可以來去喝杯熱牛奶可可。

```
$ heroku container:login
$ heroku container:push web
$ heroku container:release web
```

打開網頁卻發現失敗了，沒有成功啟動容器！

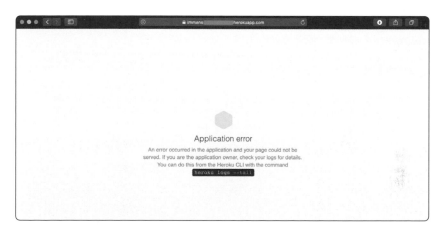

⬆ 圖 1.28.10　沒有成功啟動的容器

只好按照網頁説明從執行紀錄檢查錯誤原因。

```
$ heroku logs –tail
```

```
Error R10 (Boot timeout) -> Web process failed to bind to $PORT within 60 seconds of launch
Stopping process with SIGKILL
Process exited with status 137
State changed from starting to crashed
```

⬆ 圖 1.28.11　執行紀錄 Heroku Logs

Error R10 原因是綁定連接埠失敗，重新翻看 Ktor 文件，發現是 `embeddedServer` 函式特性固定住連接埠造成的問題。

```kotlin
fun main() {
    embeddedServer(Netty, port = 8080, host = "0.0.0.0") {
        configureRouting()
    }.start(wait = true)
}
```

所以 Application.kt 改寫成 EngineMain 架構。

```kotlin
fun main(args: Array<String>): Unit = io.ktor.server.netty.
EngineMain.main(args)

fun Application.module(testing: Boolean = false) {
    configureRouting()
}
```

application.conf 也做對應修改。

```
ktor {
    deployment {
        port = 8080
        port = ${?PORT}
    }

    application {
        modules = [ kate.tutorial.kotlin.ApplicationKt.module ]
    }
}
```

中途連線斷掉後重新登入要指定對應的 Heroku 專案名才能推上去。

```
$ heroku container:push web -a immense-spire-xxx
$ heroku container:release web -a immense-spire-xxx
```

好了，總算也能看到 Hello World，感動！而且 Heroku 直接幫專案網址從 Http 升級成 Https，讓我們省去處理加密網路協定的功夫。

根據官方說明 Dockerfile 還有很多改善空間，比如安全性、減少檔案體積等等。
看過駭客電影就知道名為「Root」的使用者帳號擁有系統最大讀寫權限「根權
限」，所以我就換個使用者 ktor 操作。

```
FROM openjdk:8-jre-alpine
EXPOSE 8080:8080
RUN mkdir /app

# Rootless containers
ENV APPLICATION_USER ktor
RUN adduser -D -g " $APPLICATION_USER
RUN chown -R $APPLICATION_USER /app
USER $APPLICATION_USER

COPY ./build/install/ktor-turtlesoup/ /app/
WORKDIR /app/bin
CMD ["./ktor-turtlesoup"]
```

● 圖 1.28.12　改善 Dockerfile 指引

https://docs.docker.com/develop/develop-images/dockerfile_best-practices/

至於利用 .dockerignore 排除敏感檔案，等後續有時間再研究研究。

1.29 會員驗證 Firebase 方案

「這是新的 API 主機網址 https://immense-spire-xxx.herokuapp.com。」我把昨天拿到的雲端主機網址交給了老姐。

「了解。」老姐把路徑改上之後就返回的之前跳過的 UI 繪製和 API 串接作業。死線的壓力正緊緊地壓在我倆身上。

我忍不住明知故問:「明天趕得完嗎?」

「絕對不行的啦!」老姐露出詭異的笑容,寒意瞬間上身。

我不死心的繼續問:「那為啥要這麼趕,這時候要做的不應該是調整時程嗎?」

有期限的只有 IntelliJ IDEA Ultimate,要改用 IntelliJ IDEA Community,也不過是重新下載的事。

雖說少掉了不少好用的功能,但核心是不變的,以這次的專案來說,最明顯的影響就是 API 測試和資料庫功能。前者可以靠老姐 Android 的 APP 協助或是安裝其他工具,後者就是多翻找些參考文件,如果中途發現真的影響過大,那就還是該下手買,畢竟腦細胞要用一生,值得好好照顧。

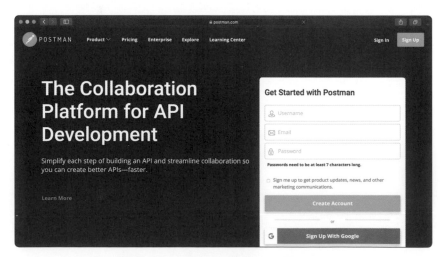

⬆ 圖 1.29.1 其中一種 API 測試替代方案

https://www.postman.com/

「嗯，新時程我已經更新上 Asana 專案網頁了，只是，有時候還是想拼拼看自己的潛力。」老姐瞪著螢幕，彷彿這樣時間就會停滯下來。

「姐，妳所謂的潛力是用肝來換的啊？還是要適當的休息啊，健康最貴。」她的黑眼圈好像出來了，眼睛也有血絲⋯⋯

「嗚，說的也是。」老姐很不甘心的拿出熱毛巾敷眼。我也拿了一條熱毛巾，將幾根手指關節熱敷保養。手指的痠麻感到舒緩，微燙的熱度化開這幾日的操勞，思維也變得清晰起來。

「我建好的 API 約十個，會員功能也大致有了構想，OAuth2 和 OpenID Connect 的身份帳號平台已經申請 Google 和 Facebook，因為最後決定使用 Firebase 整合方案，所以伺服器只需要驗證 Firebase 的 Token，不用擔心密碼管理的安全性，驗證信箱或是忘記密碼都有模板可以使用，而最麻煩的串接各平台的部分就交給妳的 Android 啦。」

🔼 圖 1.29.2　驗證身份 Firebase 整合方案

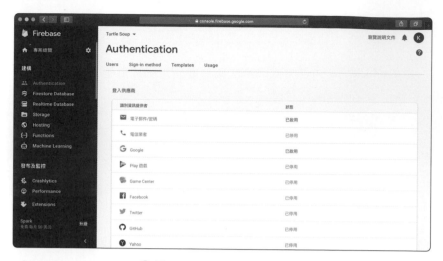

🔼 圖 1.29.3 多個驗證一次滿足

🔼 圖 1.29.4 連電子信箱登入也支援

● 圖 1.29.5　驗證信箱信件文案也很好管理

老姐臉上掩著毛巾，看不清她的神情，只能注意到她的嘴角微微揚起，聲音裡更是帶著漫不經心的從容。「Firebase 整合方案對 Android 也很親切，登入畫面不用我去找各家代表圖示和代表配色。對了，」老姐幸災樂禍的笑起來：「來而不往非禮也，你的資料庫還沒拿掉測試資料，也還沒汰換重開清除模式，備份機制也還沒做吧？」

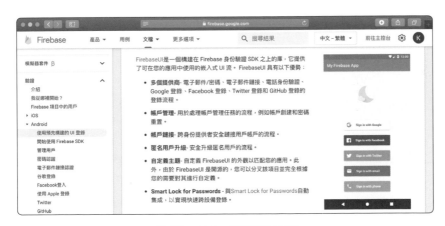

● 圖 1.29.6　自帶登入畫面

https://firebase.google.com/docs/auth/android/firebaseui

嗚，傷害三連擊！「船到橋頭自然直，船還沒到橋頭呢，不急不急，倒是我有個新發現，Docker Container 裡不能用 `FileInputStream`，除了要把檔案放在 resource 資料夾下還要改用 `Application::class.java.getResourceAsStream` 讀檔案串流，說出來不怕妳笑，我因為放在 resource 資料夾就忘了加開頭的斜線，昨天卡了好久才知道原因，總算在睡前修好。」

↑ 圖 1.29.7　專案目錄的資源資料夾

```
val serviceAccount =Application::class.java.getResourceAsStream
("/Your-firebase-adminsdk-xxx.json")
val options = FirebaseOptions.builder()
    .setCredentials(GoogleCredentials.fromStream(serviceAccount))
    .build()
FirebaseApp.initializeApp(options))
```

「不會啦，很多 Bug 的解法就是這麼簡單，只是經驗造就差別，所以資深工程師的薪水才會比較高呀。話說，Android APP 我還沒加上中文版本介面，開發時寫的英文版本也不確定算不算標準……」

「哈，伺服器訊息倒是可以晚點上傳翻譯，反正都是些提供工程師的錯誤提示訊息，使用者看不懂應該也不會太介意吧。」介意也沒用啊，反正 Ktor 官方也沒提供 i18n 多國語系支援，先統一使用英文或中文版本吧。

這時候就有點羨慕 Android，Android 多國語系支援只要多開幾個 values-en、values-zh-rTW 像這樣名字帶著語系國家的資料夾就好。

「沒錯，而且說不定有很長的時間都沒人注意到我們的 APP，大有時間可以改伺服器程式碼，所以你先來幫我寫 Android 程式碼吧。」老姐妳這樣的想法是樂觀還是悲觀啊？

「至少也等我把會員功能補完再去吧，我也很忙呀，驗證雖然交給 Firebase 了，但是資料還要整合，比如題目作者的頭像和名字。」

「嘖。」妳咋舌的聲音太大了啦。

我無奈的聳肩提議：「好了，今晚再戰一小時就早點休息吧。」充足的休息才能帶來清晰的思維和更好的程式碼。

「好耶，那我們就把剛剛說的驗證機制一口氣串接完成吧。」因為心裡早有腹案，我寫起來挺順利。

因為和 FCM 一樣用同樣的函式庫，可以直接在 `Route.authentication` 加程式碼，用 AttributeKey 傳遞資料給後續承接的各個 API。

```kotlin
val UserAttributeKey = AttributeKey<FirebaseToken>("UserAttributeKey")
inline fun Route.authentication(callback: Route.() → Unit): Route {
    // With createChild, we create a child node for this received Route
    val routeAuthentication = this.createChild(object : RouteSelector() {
        override fun evaluate(context: RoutingResolveContext,
segmentIndex: Int): RouteSelectorEvaluation =
            RouteSelectorEvaluation.Constant
    })
    // Intercepts calls from this route at the features step
    routeAuthentication.intercept(ApplicationCallPipeline.Features) {
        call.request.headers["Authorization"]?.replace("Bearer ",
"")?.let { idToken →
            FirebaseAuth.getInstance().verifyIdToken(idToken).apply {
                this@authentication.attributes.put(UserAttributeKey, this)
            }
        } ?: run {
            call.respond(HttpStatusCode.Unauthorized)
            return@intercept finish()
        }
    }
```

```
    // Configure this route with the block provided by the user
    callback(routeAuthentication)

    return routeAuthentication
}
```

在 API 裡就可以用這樣的方式取得身份資訊。

```
    this@authentication.attributes[UserAttributeKey].uid
```

我開心的呼喊:「姐,我好了,妳試試。」

「我知道,我看到了。」老姐舉起手機給我看。

⬆ 圖 1.29.8　沒有登入

老姐自信滿滿的表示「我也會盡速改好。」她首先在 app 模組下 *build.gradle* 的
dependencies 區塊加上 Firebase 的登入畫面函式庫和整合登入函式庫。

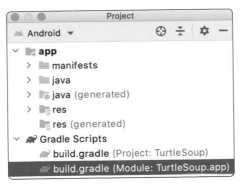

○ 圖 1.29.9　專案模組自動化建置檔案

```
implementation 'com.google.firebase:firebase-auth-ktx'
implementation 'com.firebaseui:firebase-ui-auth:7.2.0'
```

在主畫面 MainActivity.kt 的 `onCreate` 裡定義 Firebase.auth。

```
class MainActivity : AppCompatActivity() {
    private lateinit var auth: FirebaseAuth
    override fun onCreate(savedInstanceState: Bundle?) {
        super.onCreate(savedInstanceState)
// 略
        auth = Firebase.auth
    }
```

在 `onStart` 裡檢查狀態，沒登入就打開登入畫面。

```
    override fun onStart() {
        super.onStart()

        auth.currentUser?: run {
            createSignInIntent()
        }
    }
```

登入後取得 Token，若失敗也留下除錯用的錯誤代號。

```kotlin
    private val signInLauncher = registerForActivityResult(
        FirebaseAuthUIActivityResultContract()
    ) { res →
        this.onSignInResult(res)
    }

    private fun createSignInIntent() {
        // Choose authentication providers
        val providers = arrayListOf(
            AuthUI.IdpConfig.EmailBuilder().build(),
            AuthUI.IdpConfig.GoogleBuilder().build()
        )

        // Create and launch sign-in intent
        val signInIntent = AuthUI.getInstance()
            .createSignInIntentBuilder()
            .setAvailableProviders(providers)
            .build()
        signInLauncher.launch(signInIntent)
    }

    private fun onSignInResult(result: FirebaseAuthUIAuthenticationR
esult) {
        val response = result.idpResponse
        when(result.resultCode) {
            RESULT_OK → {// Successfully signed in
                auth.currentUser?.getIdToken(true)
                    ?.addOnCompleteListener { task →
                        if (task.isSuccessful) {
                            Repository.loginToken = task.result?.token
                        }
                    }
            }
            RESULT_CANCELED → finish()
            else → {
                // Sign in failed. If response is null the user
```

```
canceled the
                // sign-in flow using the back button. Otherwise check
                // response.getError().getErrorCode() and handle the error.
                // ...
                Log.e("Sign in failed", "errorCode: ${response?.
error?.errorCode}")
                finish()
            }
        }
    }
// 略
}
```

把 Repository 從單純的 class 改成 object，以方便存放靜態變數。然後用 `addInterceptor` 加上 Authorization Header。

```
//class Repository {
object Repository {
    private val retrofit: Retrofit
    var loginToken: String? = null
        val builder = OkHttpClient.Builder().addInterceptor { chain →
            val requestBuilder = chain.request().newBuilder()
            loginToken?.let {
                requestBuilder
                    .header("Authorization", "Bearer $it")

            }
            chain.proceed(requestBuilder.build())
        }
// 略
}
```

因為 Firebase 的 IdToken 屬於 JSON Web Tokens，所以使用 Authorization Header 的 Bearer 格式。

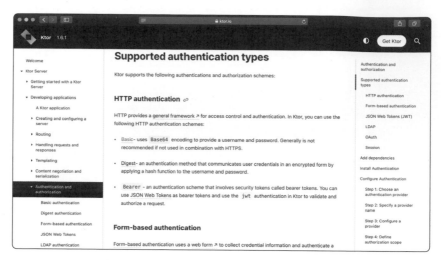

⬆ 圖 1.29.10　各種 Authorization Header 格式

https://ktor.io/docs/authentication.html

「來一起看看我的完成品吧。」老姐說著便走過來，把手機拿到我和她面前。

「對了，匿名登入我先留著，等你最後決定要不要支援再和我說唷。」登入的畫面有三個按鈕，她補充說明。

⬆ 圖 1.29.11　登入畫面三按鈕

「如果手機都沒有登入 Google 帳號會先要求登入。」老姐就算不認真對每個畫面說明我也知道流程呀，感覺好像連我也變得緊張起來。

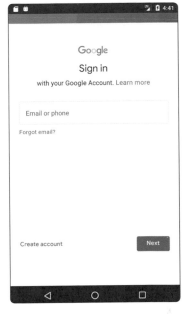

⬆ 圖 1.29.12　帳號登入

「反之會看到可以選的帳號列表。」

看到順利登入後的題目列表，我和老姐都鬆了一口氣。會員系統總算順利嵌進去，接下來只要把 Firebase 會員資料和 Ktor 伺服器資料整合，伺服器會員系統就大功告成了。

老姐也一臉輕鬆地說：「取得 IdToken 兩個時機已經完成其一，我再補上 IdToken 過期重新取得的部分就沒問題了。」

⬆ 圖 1.29.13　選擇帳號

1.30 閃退馬拉松休息站

因為昨天解決會員系統之後的氣氛太歡樂，即使發生雙十連假被公司挪後一天這個小缺點，上班時還是面帶微笑。被同事頻頻關心是不是中彩券了。不過愉快的心情在看到各種 Bug 之後很快就扔到一邊。

「彩券的中獎率如果和 Bug 突發率一致就好了，或是反過來也行啊。」我低聲說道。

同事對此深以為然的點頭。

時間依舊在走，工作一如往常進行。每日站立會議不需回報進度，這些在專案管理軟體上一目了然，會議焦點著重在今後的安排或是提出遭遇的困難調整規劃。常見的困難除了客戶問題或是文件不足，大概就是 APP 工程師們遇到的不明原因閃退。

等等，閃退？

「姐，我記得專案剛開始時，妳說過要裝上回報閃退情形的工具吧？」晚飯後我沖泡一杯牛奶可可甜滋滋地飲用，順帶也泡一杯遞給老姐。

「哎呀，我都忘了。」她接過杯子，也許是因為溫度有點偏高，只慢慢地啜飲一小口就先放下。

⬆ 圖 1.30.1 官方文件

https://firebase.google.com/docs/crashlytics

「我記得當初那套閃退工具還是 Twitter 開發的 Fabric，後來被 Google 收購，整合進 Firebase。」言下之意就是目前我管理的 Firebase 必須分享權限給她。

「好，我去 Firebase 控制台開啟 Crashlytics，等妳程式碼改好就開權限。」

⬆ 圖 1.30.2 啟用閃退

老姐回應一聲「好」之後，就在專案資料夾的 *build.gradle* 的 dependencies 加上 classpath。

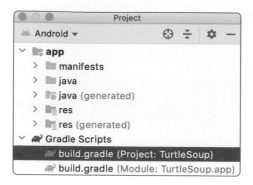

圖 1.30.3　專案自動化建置檔案

```
classpath 'com.google.firebase:firebase-crashlytics-gradle:2.7.1'
```

接著在 app 模組下 *build.gradle* 的 dependencies 區塊加上 Firebase 的閃退函式庫。

圖 1.30.4　專案模組自動化建置檔案

```
implementation 'com.google.firebase:firebase-crashlytics'
```

「看，我果然有先見之明，用 BOM 依賴統整，所以這次也不用處理版本問題。」老姐得意的哼哼，繼續在 plugin 區塊加上新成員。

```
id 'com.google.firebase.crashlytics'
```

● 圖 1.30.5　閃退測試文件

https://firebase.google.com/docs/crashlytics/test-implementation?platform=android

「Firebase 說要先閃退一次才看得到報表，範例是新增一個按鈕觸發 RuntimeException。」我轉述閃退測試文件的說明。

「是喔，那我先寫在目前還沒實作功能的最愛按鈕上。」

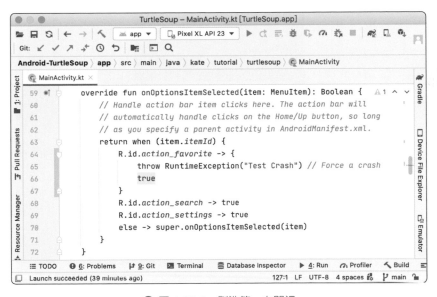

● 圖 1.30.6　製造第一次閃退

我注意到 IDE 的警告，提醒她：「程式碼出現黃色底色的警告囉。」

老姐把滑鼠游標移過去，看了一眼浮出的訊息圖 1.30.7。「沒事，那只是提醒該節程式碼不可能抵達，畢竟都閃退了，自然不會執行後面的動作。」

⬆ 圖 1.30.7　浮出「不可能抵達的程式碼」訊息

「就算之後沒打開這個檔案我也不會忘記，因為 IDE 會一直提醒這件事。」她拉出 IDE 下方的專案問題列表區圖 1.30.8 以資證明。

Problems:	Current File 1	Problems View	⚙ —
MainActivity.kt ~/dev/Android-TurtleSoup/app/src/main/java/kate/tutorial/turtlesoup 1 problem			
⚠ Unreachable code :66			

⬆ 圖 1.30.8　專案問題列表

⬆ 圖 1.30.9　閃退

重新打開 APP 點擊最愛按鈕，APP 就如預料的閃退了。可是過了十分鐘我仍舊沒有在 Firebase 控制台看到閃退分析報告，我將這件事告訴她。於是她打開了 Android Logcat，找到了「D/TransportRuntime.JobInfoScheduler: Upload for context TransportContext(cct, HIGHEST, xxx=) is already scheduled. Returning...」。

「好奇怪啊，好像是堵塞了。」老姐雖然對此感到困惑，但很快的就從 Stack Overflow 找到一個解決方案。

🔼 圖 1.30.10　參考 https://stackoverflow.com/questions/65635401/
crashlytics-dont-report-crashes-in-firebase

她照著上面的建議在 *AndroidManifest.xml* 的 `application` 節點註冊 Transport BackendDiscovery 服務

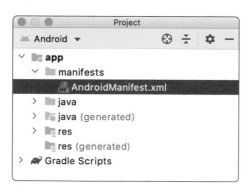

🔼 圖 1.30.11　應用四大元件在此檔案註冊

```
        <service android:exported="false" android:name="com.google.
android.datatransport.runtime.backends.TransportBackendDiscovery">
            <meta-data android:name="backend:com.google.android.
datatransport.cct.CctBackendFactory" android:value="cct"/>
        </service>
```

⬆ 圖 1.30.12　閃退分析報告

「我看到資料了，那我放權限給妳。」我切換到專案設定的使用者和權限面板，
將老姐加進 Firebase 海龜湯專案成員。

⬆ 圖 1.30.13　使用者和權限面板

⬆ 圖 1.30.14 成員角色

⬆ 圖 1.30.15 新增成員

「咦？我看不到驗證的內容？」我才剛加好成員，老姐就迫不急待打開 Firebase 控制台，看到圖 1.30.16 頓時發現問題。

「喔，因為我只開放部分功能檢視的權限啊。除了閃退分析報告，妳還可以看數據分析、效能監控和發布資訊。」

⬆ 圖 1.30.16　未開放的權限

「好吧，那就算了。」她很快就認同了我的解釋，切換到閃退分析報告的面板，確認閃退內容。

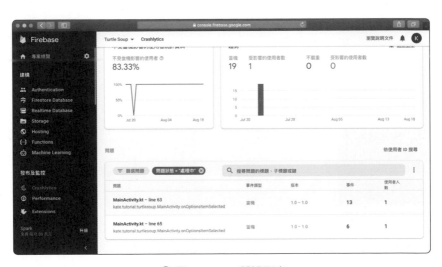

⬆ 圖 1.30.17　閃退列表

「很好，可以看到閃退列表確認閃退次數，和發生問題的檔案名稱和程式碼行號，讓我看看閃退的程式碼邏輯堆疊追蹤和裝置內容。」老姐自言自語著點進列表上的閃退事件，在各個頁籤切換查看。堆疊追蹤功能很重要，因為有時候問題並不是在表層，需要深入確認。

↑ 圖 1.30.18　閃退詳情

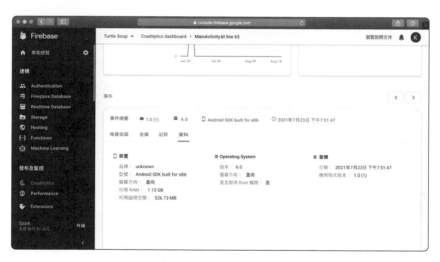

↑ 圖 1.30.19　閃退裝置

「很好，幫助分析閃退問題的資料都有。啊，對了，今天是第三十天了吧？」老姐將專案管理軟體上的閃退任務勾選完成後，注意到了今天是那個約定的日期。

「挑戰三十天成功了耶。」

「對啊，好像也沒那麼難，我算一下工時……」我拿出計算紙，寫寫畫畫。

「嗯……四十多小時，換算成工作日的話，比一週多一點的工作量？」老姐有點驚訝。

「意外的少呢。因為後面有調整過時程的原因？是不是太寬鬆。」我提出不一樣的意見。

「但是也因為有調整過，效率比前幾天好，比較接近工作時的身體精神狀況。」氣氛沈默下來。

最開始的前幾天可以說是程式版強行軍。「既然如此，」她遲疑的說：「專案到這邊也算是一個階段。是不是應該先休息個一星期，下個月再繼續努力。」

「我同意！就像馬拉松一樣，有休息站的存在才能抵達終點。」我爽快的答應，心裡的小男孩蠢蠢欲動。

久違的長假，周末我要閉關將遊戲通關！瑟瑟發抖吧，魔王。

CHAPTER 2

快樂 Q&A 時間

問題排除篇

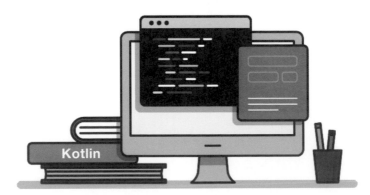

連接埠 8080 被占用怎麼辦

問

> 不知道怎麼回事，跑 Ktor 伺服器的時候，IntelliJ IDEA 和我說連接埠 8080 被占用，怎麼辦？

弟

> 這個我也有遇過，不過保險起見，我們先確定現在占用連接埠 8080 的是誰，因為也有少許可能是其他軟體占用的。
>
> 在終端機程式上輸入查詢指令。

```
$ sudo lsof -i:8080
```

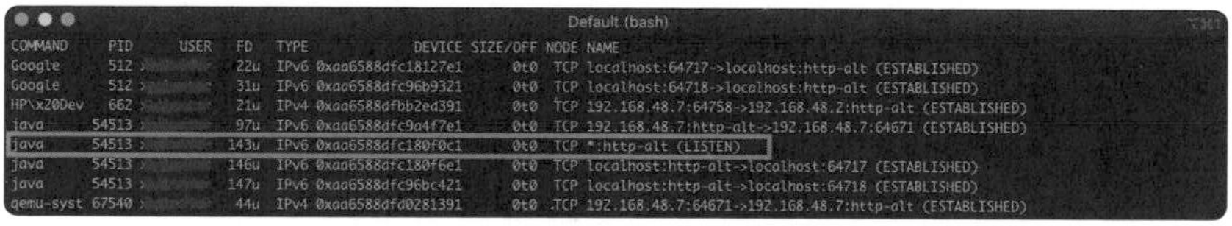

◆ 圖 2.1.1 指令結果

弟

> 注意 NAME 有 LISTEN 的那行程序，COMMAND 是 java，那應該可以確信是 IntelliJ IDEA 的程序了，這時只要消滅 PID 是 54513 的進程（Process），就能解放連接埠 8080。
>
> 在終端機程式上輸入消滅指令。

```
$ kill 54513
```

弟

為了預防以後再發生同樣的事件,最好還是隨手停止專案唷,停止除了下方的紅色方塊,也能用快捷鍵 **Command** 鍵搭配 **Fn** 鍵加 **F2** 鍵。紅色方塊變成紅色骷髏頭後再稍微等一等就會恢復成灰色方塊的初始狀態。

```
ApplicationKt
2021-07-19 14:52:01.555 [main] DEBUG Exposed - INSERT INTO PUZZLES (AUTHOR, CREATED_AT, DESCRIPTION, ID, TAGS, TITLE) VALUES ('380d092c-449e-4b0c-b457-255e7700377f'
2021-07-19 14:52:01.556 [main] DEBUG Exposed - INSERT INTO PUZZLES (AUTHOR, CREATED_AT, DESCRIPTION, ID, TAGS, TITLE) VALUES ('380d092c-449e-4b0c-b457-255e7700377f'
2021-07-19 14:52:01.558 [main] DEBUG Exposed - INSERT INTO PUZZLES (AUTHOR, CREATED_AT, DESCRIPTION, ID, TAGS, TITLE) VALUES ('380d092c-449e-4b0c-b457-255e7700377f'
2021-07-19 14:52:01.559 [main] DEBUG Exposed - INSERT INTO PUZZLES (AUTHOR, CREATED_AT, DESCRIPTION, ID, TAGS, TITLE) VALUES ('380d092c-449e-4b0c-b457-255e7700377f'
2021-07-19 14:52:01.560 [main] DEBUG Exposed - INSERT INTO PUZZLES (AUTHOR, CREATED_AT, DESCRIPTION, ID, TAGS, TITLE) VALUES ('380d092c-449e-4b0c-b457-255e7700377f'
2021-07-19 14:52:01.561 [main] DEBUG Exposed - INSERT INTO PUZZLES (AUTHOR, CREATED_AT, DESCRIPTION, ID, TAGS, TITLE) VALUES ('380d092c-449e-4b0c-b457-255e7700377f'
2021-07-19 14:52:01.562 [main] DEBUG Exposed - INSERT INTO PUZZLES (AUTHOR, CREATED_AT, DESCRIPTION, ID, TAGS, TITLE) VALUES ('380d092c-449e-4b0c-b457-255e7700377f'
2021-07-19 14:52:02.415 [main] INFO  Application - Responding at http://0.0.0.0:8080
```

⬆ 圖 2.1.2　停止專案紅色方塊

```
Stop 'ApplicationKt' ⌘F2
```

⬆ 圖 2.1.3　停止專案快捷鍵

```
ApplicationKt
2021-07-19 14:52:01.555 [main] DEBUG Exposed - INSERT INTO PUZZLES (AUTHOR, CREATED_AT, DESCRIPTION, ID, TAGS, TITLE) VALUES ('380d092c-449e-4b0c-b457-255e7700377f'
2021-07-19 14:52:01.556 [main] DEBUG Exposed - INSERT INTO PUZZLES (AUTHOR, CREATED_AT, DESCRIPTION, ID, TAGS, TITLE) VALUES ('380d092c-449e-4b0c-b457-255e7700377f'
2021-07-19 14:52:01.558 [main] DEBUG Exposed - INSERT INTO PUZZLES (AUTHOR, CREATED_AT, DESCRIPTION, ID, TAGS, TITLE) VALUES ('380d092c-449e-4b0c-b457-255e7700377f'
2021-07-19 14:52:01.559 [main] DEBUG Exposed - INSERT INTO PUZZLES (AUTHOR, CREATED_AT, DESCRIPTION, ID, TAGS, TITLE) VALUES ('380d092c-449e-4b0c-b457-255e7700377f'
2021-07-19 14:52:01.560 [main] DEBUG Exposed - INSERT INTO PUZZLES (AUTHOR, CREATED_AT, DESCRIPTION, ID, TAGS, TITLE) VALUES ('380d092c-449e-4b0c-b457-255e7700377f'
2021-07-19 14:52:01.562 [main] DEBUG Exposed - INSERT INTO PUZZLES (AUTHOR, CREATED_AT, DESCRIPTION, ID, TAGS, TITLE) VALUES ('380d092c-449e-4b0c-b457-255e7700377f'
2021-07-19 14:52:02.415 [main] INFO  Application - Responding at http://0.0.0.0:8080
```

⬆ 圖 2.1.4　紅色方塊變成紅色骷髏頭

```
ApplicationKt
2021-07-19 14:52:01.558 [main] DEBUG Exposed - INSERT INTO PUZZLES (AUTHOR, CREATED_AT, DESCRIPTION, ID, TAGS, TITLE) VALUES ('380d092c-449e-4b0c-b457-255e7700377f'
2021-07-19 14:52:01.559 [main] DEBUG Exposed - INSERT INTO PUZZLES (AUTHOR, CREATED_AT, DESCRIPTION, ID, TAGS, TITLE) VALUES ('380d092c-449e-4b0c-b457-255e7700377f'
2021-07-19 14:52:01.560 [main] DEBUG Exposed - INSERT INTO PUZZLES (AUTHOR, CREATED_AT, DESCRIPTION, ID, TAGS, TITLE) VALUES ('380d092c-449e-4b0c-b457-255e7700377f'
2021-07-19 14:52:01.561 [main] DEBUG Exposed - INSERT INTO PUZZLES (AUTHOR, CREATED_AT, DESCRIPTION, ID, TAGS, TITLE) VALUES ('380d092c-449e-4b0c-b457-255e7700377f'
2021-07-19 14:52:01.562 [main] DEBUG Exposed - INSERT INTO PUZZLES (AUTHOR, CREATED_AT, DESCRIPTION, ID, TAGS, TITLE) VALUES ('380d092c-449e-4b0c-b457-255e7700377f'
2021-07-19 14:52:02.415 [main] INFO  Application - Responding at http://0.0.0.0:8080

Process finished with exit code 130 (interrupted by signal 2: SIGINT)
```

⬆ 圖 2.1.5　最終的灰色方塊

姐

如果不是 IntelliJ IDEA 占用的,就換成其他閒置中的連接埠吧。

弟

對,連接埠有些有特殊意義,不能隨便用唷。比如平常 HTTP 網址預設的是連接埠 80,HTTPS 網址預設的是連接埠 443,連接埠 8080 和8008 常作為連接埠 80 的替代,而連接埠 8081 就沒有定義,開發階段可以使用。更多的連接埠資訊可以查看官方 IANA 網站。

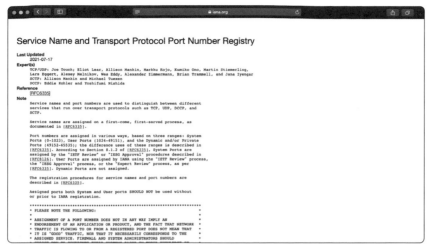

⬆ 圖 2.1.6　官方 IANA 定義

https://www.iana.org/assignments/service-names-port-numbers/

service-names-port-numbers.xhtml

問

> 怎麼換其他連接埠？

弟

> 修改 resources 資料夾的 *application.conf*，把原本的 8080 改掉後重新執行程式就可以。

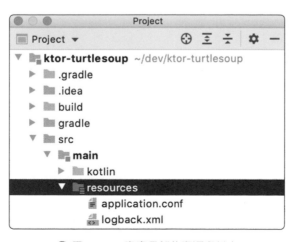

⬆ 圖 2.1.7　專案目錄的資源資料夾

```
ktor {
    deployment {
        port = 8081
        port = ${?PORT}
    }
// 略
}
```

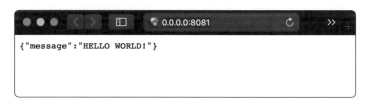

● 圖 2.1.8　新的連接埠 8081

{"message":"HELLO WORLD!"}

● 圖 2.1.9　順利開啟網頁

姐
話說，你都知道問題發生的原因，怎麼我看你最近還是常常開終端機輸入消滅指令？

弟
我也不想啊，可是過了三十天試用期之後，IDE 限時的強制關閉視窗沒有留給我後路。

● 圖 2.1.10　強制關閉

姐
節哀順變。

2.2 程式無法安裝到 Android 手機

問

> 我有 Android 手機，為什麼無法安裝 APP？

姐

> 先確認有沒有開啟開發者模式。如果沒有的話，根據不同系統版本或是手機廠商，會有不同的開啟步驟。比較常見的步驟是進入**設定**下的**關於手機**，裡面會有**軟體資訊**或**系統資訊**，連續七次點擊版本號碼。如果成功就會有開發者模式已啟用的通知泡泡，**設定**也會多一個**開發人員選項**功能。

弟

> 或是注意手機作業系統版本，有可能低於 app 模組下 *build.gradle* 裡 minSdkVersion 的設定。

⬆ 圖 2.2.1　專案模組自動化建置檔案

```
android {
    compileSdkVersion 30
    defaultConfig {
```

```
        applicationId "kate.tutorial.turtlesoup"
        minSdkVersion 21
        targetSdkVersion 30
        versionCode 1
        versionName "1.0"
        testInstrumentationRunner "androidx.test.runner.AndroidJUnitRunner"
    }
// 略
}
```

姐 啊哈哈，人有失足，馬有失蹄。有時候也會沒注意到手機作業系統版本的啦。畢竟要測試的手機太多了。

姐 還有一個案例是手機剩餘容量不夠。

弟 ……是呀，有時候問題真的不是出在程式軟體上。

姐 你的心靈創傷也還沒好啊。

弟 彼此彼此。

問 可以詳述兩位的心靈陰影和創傷嗎？

姐 弟 你是惡魔嗎？想都別想！

2.3　外掛套件沒有看到 Ktor Plugin

問　我安裝的是 IntelliJ IDEA 免費版，外掛套件怎麼沒有看到 Ktor Plugin ？

姐　有看到圖 2.3.1 的灰色 Ktor（Obsolete）吧。可以用這個，功能目前還沒有太大差異。

弟　這個外掛的功能其實是幫助建立專案，如果整個專案是從其他舊有 Ktor 專案繼承而來，有沒有外掛都不會影響開發。

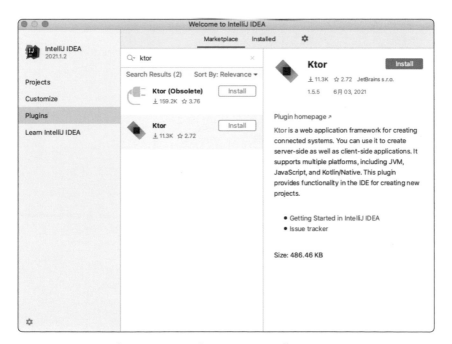

⬆ 圖 2.3.1　軟體 IntelliJ IDEA 安裝 Ktor 外掛

姐 看起來IntelliJ IDEA打算進一步區隔免費版和付費版。

弟 很正常,這樣才會有人付費呀。

姐 嗯,待會我們也來討論怎麼區隔 Side Project 海龜湯的免費功能和付費功能吧。

弟 我也要討論?不是交給妳負責嗎?

姐 如果你要那樣的話,那我們倆的利潤分成比例也交給我負責唷。

弟 ……

弟 要討論了嗎?我馬上來!

2.4 編譯完出現 xxxBindingImpl 錯誤

問

> 我編譯完出現 xxxBindingImpl 錯誤，專案裡沒有這個檔案，不知道錯在哪裡，怎麼修正？

姐

> 喔，xxxBindingImpl 是系統自動從 XML 檔案衍伸出的過程檔案，出問題可以研究對應的 XML 檔案。

問

> XML 檔案好多字不想看……

姐

> 那就用 Android Studio 的分析功能，它會迅速把專案裡所有問題分級顯示。不止程式邏輯的警告和錯誤，也會提醒拼字錯誤。

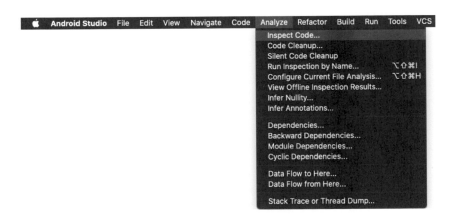

⬆ 圖 2.4.1 分析問題入口

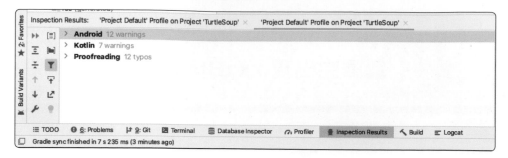

● 圖 2.4.2　分析問題結果

MEMO

工具教學篇

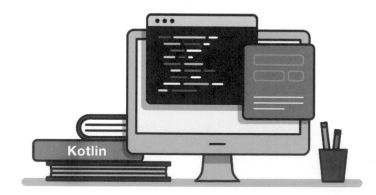

2.5 如果沒有 Android 手機怎麼辦：模擬器

問　請問如果沒有 Android 手機也能開發 Android APP 嗎？

姐　當然可以！事實上，我有一次就忘記帶手機回家。差點被當作惡意偷懶呢！

弟　我哪有說的那麼過份……

姐　那我們來回憶一下當天吧。

時間回到某個平日晚上。「哎呀！糟糕！」老姐方踏進家門，就發出懊惱的聲音。

我把鞋子放進鞋櫃後，轉身平靜地問她：「怎麼了？」

老姐手指捲著髮尾露出害羞的笑容小聲說道：「不小心把手機忘在公司桌上了。」

「呃，姐妳是故意的嗎？今天換妳開發就忘記帶手機回家。」不可能陪她坐捷運回去拿吧？舟車勞頓。

「才不是呢！我也是認真的，就算手機不在我也可以用模擬器開發！」老姐抽開椅子，生氣的坐下來打開筆電。閒閒沒事的我當然就是在旁邊吃瓜囉。

老姐指了指 IDE，向我介紹：「現在有兩個入口可以打開模擬器管理員。一個比較麻煩，要打開最上方列的工具，一個直接點手機圖示按鈕。」

老姐邊建立新模擬器邊說明：「只要選擇好要模擬的硬體和系統就可以了，啊，不過要注意一件事，如果有紅字提醒更新系統映像檔，最好就乖乖更新，之前我沒注意到紅字，模擬器半天都沒辦法啟動，只告訴我逾時錯誤 Error while waiting for device: Timed out after 300seconds waiting for emulator to come online，後來我重新打開模擬器編輯對話視窗檢查問題，才找到原因。」

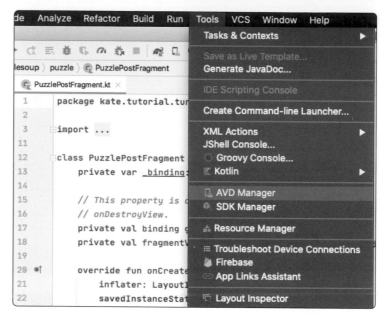

⬆ 圖 2.5.1　最上方列的工具可以打開模擬器管理員

⬆ 圖 2.5.2　手機圖示按鈕可以打開模擬器管理員

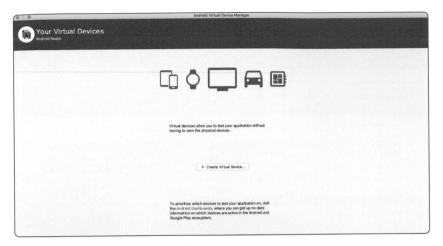

● 圖 2.5.3　模擬器管理員

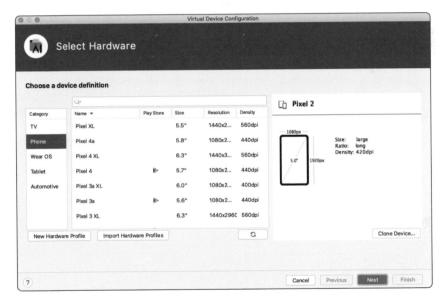

● 圖 2.5.4　選擇硬體模擬

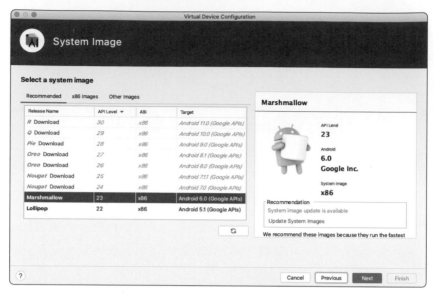

⬆ 圖 2.5.5　選擇系統模擬

⬆ 圖 2.5.6　模擬器進階設定

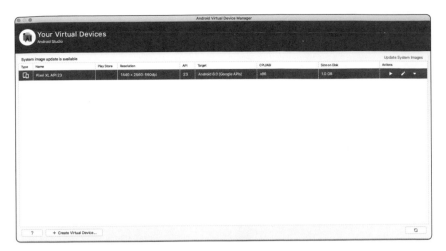

◆ 圖 2.5.7　建好的模擬器列表

◆ 圖 2.5.8　啟動模擬器並安裝 APP

「啟動模擬器和安裝我們開發的 APP 可以分開執行嗎？」我好奇的問。

「只想啟動模擬器可以從模擬器管理員的模擬器列表選擇目標模擬器綠色按鈕執行。也可以拿 APK 檔案安裝別人的 APP 來玩，但是請用自己的電腦開模擬器，恕我不幫忙。」老姐確定模擬器可以執行海龜湯 APP 後，就盯著電腦不再理我。

明明沒有開冷氣，室內溫度卻好像下降了。感覺不妙啊，這裡還是向老姐道歉比較好：「好啦，是我錯，妳不是故意不帶手機回家的，等下晚餐請妳愛吃的，別生氣了。」

⬆ 圖 2.5.9　執行中的模擬器

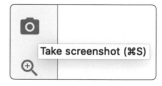

⬆ 圖 2.5.10　手機截圖功能

 新手小知識

模擬器需要耗費記憶體資源，建議一次執行一台模擬器就好。

如果模擬器執行很慢，可以考慮買記憶體加強，或是關閉其他不需要的程式。

模擬器功能會受限於你的電腦硬體，比如相機功能和藍牙功能，另外，不是所有模擬器都支援藍牙功能。

 那天的鮭魚親子丼飯真是美味。

姐

 能用一頓飯解決真是太好了。

弟

2.6　專案管理軟體怎麼使用

問

請問第一晚是怎麼在專案管理軟體網站 Asana 開好任務列表？

姐

呃，真的不難，就是註冊會員，開專案，很簡單呀！

弟

他是想知道妳是怎麼建立這麼漂亮的任務列表。

姐

……是嗎！那就沒辦法了呢！呵呵呵。

姐

不過我以前就註冊過了，懶得記憶密碼就直接用 Google 授權登入。所以註冊就交給弟弟你來說吧。

⬆ 圖 2.6.1　登入

弟 先填上電子信箱，Google 電子信箱就如同剛才姐所說，可以直接用 Google 授權驗證，或是也可以選擇和其他電子信箱一樣用電子郵件驗證，只是電子郵件驗證的話要填寫名字和密碼。

⬆ 圖 2.6.2　註冊

⬆ 圖 2.6.3　驗證電子信箱

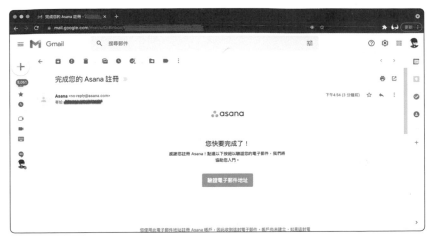

● 圖 2.6.4　電子郵件驗證

● 圖 2.6.5　電子郵件驗證需要填寫名字密碼

弟

接著會問一些工作資訊，用這些資訊幫你建立第一個專案。

姐

我怎麼對這些毫無印象？

弟

妳應該是超久之前註冊的吧。

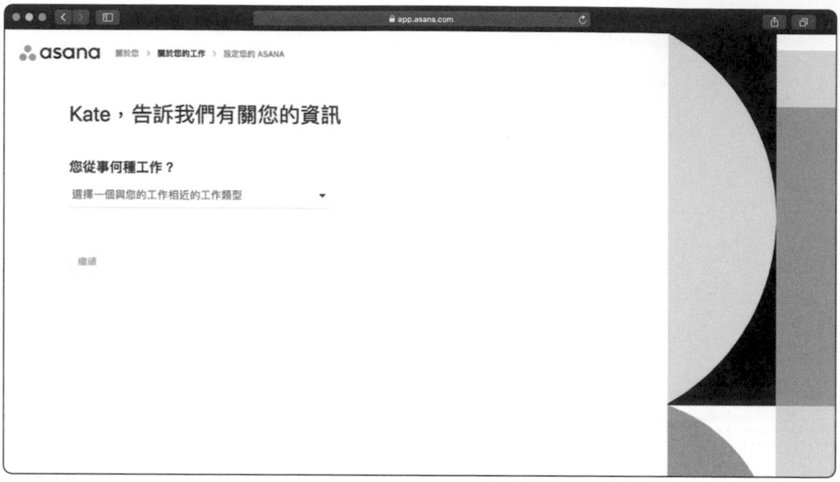

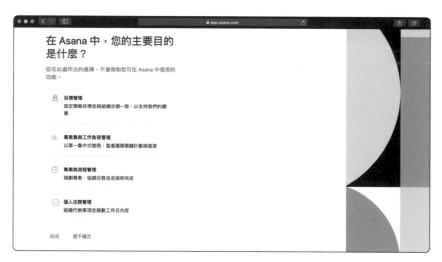

● 圖 2.6.6　工作類型

● 圖 2.6.7　工作目的

🔼 圖 2.6.8　選擇目的的時候可以預覽

🔼 圖 2.6.9　建立第一個專案

● 圖 2.6.10　中間略過，建立第一個專案完成

● 圖 2.6.11　試用期提醒

姐　　有試用期期限耶？

弟　　30 天以後就會變成和妳的免費版一樣了，讓新會員試用最便宜的付費
版算是一種行銷手法。

圖 2.6.12　試用期等級

姐　那你可以玩玩看差別？

弟　別忘記妳還要介紹怎麼建立任務列表了。

姐　我要用我的帳號介紹。

姐　我的是免費版本，所以畫面很乾淨。我建立專案選的也是空白專案。

弟　……

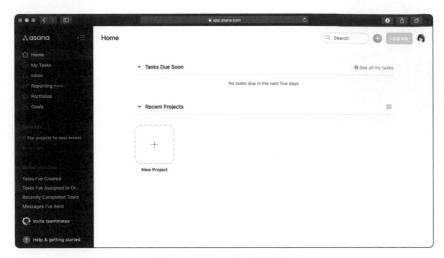

⬆ 圖 2.6.13　登入後的首頁

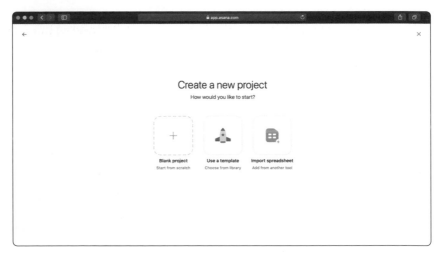

⬆ 圖 2.6.14　新專案類型

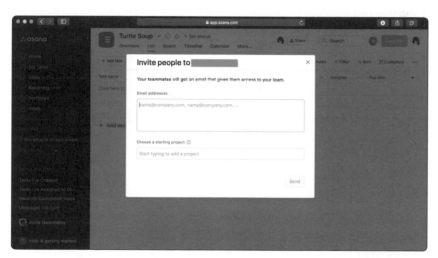

● 圖 2.6.15　建立專案

● 圖 2.6.16　邀請團隊隊友

姐

專案可以選擇完全私有或團隊協作，想要團隊外的多人協作要付費升級。免費版團隊可以達到十五人。

弟

像我們這樣的迷你團隊就算再拉人入坑，免費版也綽綽有餘。

姐 但是你一個人也沒拉來。

弟 ……

姐 我比較喜歡的兩個功能，一是在任務文字框直接輸入就可以在當前畫面建立任務，二是拖曳任務左側可以異動順序和歸入分區（Section）。

🔺 圖 2.6.17　任務列表

🔺 圖 2.6.18　拖曳任務

姐　加上時間指定後，就可以用行事曆看整個時程安排。

弟　那樣的確挺方便的，避免在同個時段安排超量的任務。

姐　調整時程也可以用拖曳的方式進行。

弟　妳能把拖曳的動作截圖下來真厲害。

姐　五次裡成功一次！

☝ 圖 2.6.19　拖曳時程

姐　因為有這樣的靈活度，所以不用一開始就要做到最好。和作文一樣，先放大綱，慢慢調整細節。如果很難確定任務所需要花的時間，就把它切割成更小的子任務（Subtask），會更好評估。海龜湯專案也有用到二至三層的子任務，所以大膽的去玩專案吧。

⬆ 圖 2.6.20　更小的子任務

2.7 軟體 IntelliJ IDEA Ultimate 三十天後怎麼辦

問 請問三十天試用期結束後怎麼繼續開發 Ktor 伺服器程式碼？

弟 其實還是可以繼續使用，只是加上半小時的限制。

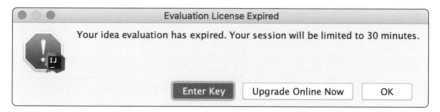

⬆ 圖 2.7.1　可以繼續使用

姐 感覺有保護眼睛的效果耶！

弟 呃，如果不嫌棄每過半小時都要重新打開 IntelliJ IDEA，和打斷專注力的副作用的話，就像她說的，可以做為定時休息起身活動的鬧鈴。

⬆ 圖 2.7.2　半小時後強制關閉

弟 也有人乾脆 Ultimate 和 Community 兩個版本都安裝，不過不管哪一個版本都超過 1GB，兩個都安裝對已經吃緊的電腦容量有負擔。

姐 好好比較過 Ultimate 和 Community 兩個版本的差別再決定要保留哪一個吧。

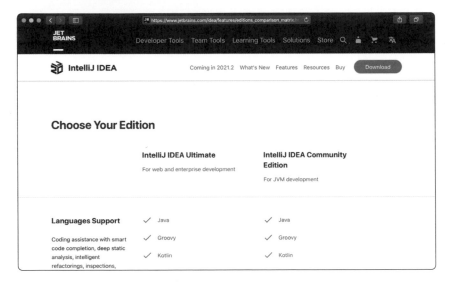

● 圖 2.7.3　版本比較

https://www.jetbrains.com/idea/features/editions_comparison_matrix.html

2.8 哪裡可以看到全部的快捷鍵

問

哪裡可以看到全部的快捷鍵？

弟

在 IntelliJ IDEA 軟體主選單的 Preferences 裡唷。

姐

Android Studio 也一樣。

⬆ 圖 2.8.1　軟體 IntelliJ IDEA 主選單

⬆ 圖 2.8.2　軟體 Android Studio 主選單

弟

接著選擇 Keymap 就可以看到了。

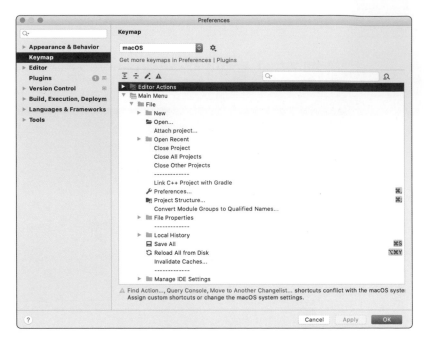

● 圖 2.8.3　軟體 IntelliJ IDEA Keymap 表

姐

哈哈，看起來你的快捷鍵和其他快捷鍵產生衝突了。

弟

福無雙至，禍不單行，妳的 Android Studio 也一樣。

姐

嘖。總有不一樣的吧。

弟

快捷鍵可以客製編輯呀，妳可以弄成獨一無二款。

姐

這樣我不是每台電腦都要設置一遍嗎！

弟

啊，我發現不一樣的地方了。

姐

在哪裡？

⬆ 圖 2.8.4　快捷鍵衝突

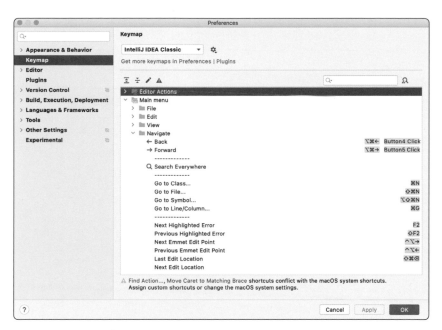

⬆ 圖 2.8.5　軟體 Android Studio Keymap 表

弟

可以選擇的 Keymap 表數量不一樣。

姐 〈 唔，確實 Android Studio 少了兩筆，不過這些 Keymap 其實大同小異。

macOS
Eclipse
Eclipse (macOS)
Emacs
IntelliJ IDEA Classic
macOS System Shortcuts
NetBeans
Sublime Text
Sublime Text (macOS)
Visual Studio

Eclipse
Eclipse (macOS)
Emacs
IntelliJ IDEA Classic
NetBeans
Sublime Text
Sublime Text (macOS)
Visual Studio

⬆ 圖 2.8.6　軟體 IntelliJ IDEA 各種 Keymap　⬆ 圖 2.8.7　軟體 Android Studio 各種 Keymap

弟 〈 是呀，畢竟對開發者來說，最好所有 IDE 軟體都是一樣的快捷鍵。

姐 〈 想想看如果某軟體的存檔快捷鍵是另一個軟體的刪除快捷鍵。

弟 〈 怎一個慘字了得！

2.9　其他作業系統的內網 IP 查詢指令

問

我的電腦作業系統是 Windows，請問內網 IP 查詢指令是什麼？

弟

其實指令只差一個字母。

在命令提示字元程式上輸入查詢指令。

```
$ ipconfig
```

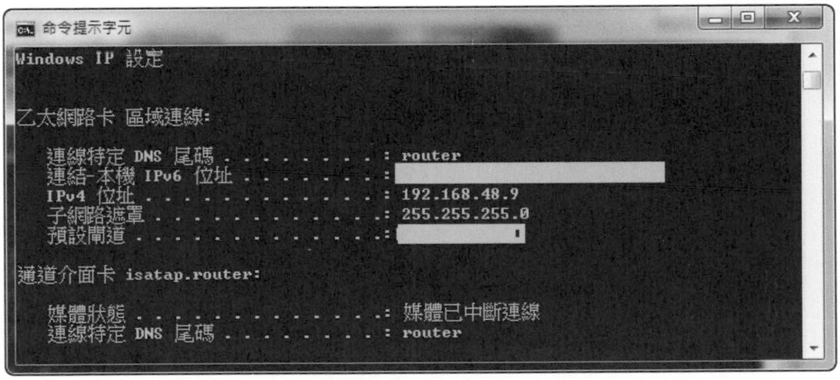

↑ 圖 2.9.1　網路設定

弟

看區域連線資訊即可。

姐

就是因為只差一個字母，所以才更容易弄混呀。後來我放棄分辨，乾脆兩個指令都輸入，總有一個能正常執行。

弟

是呀，這兩個指令在彼此平台沒有破壞力真好。

弟

如果是 Linux 系統的話，又是另一個指令。

```
$ ip address
```

姐

啊，應該不會有人在 Linux 系統安裝吧。

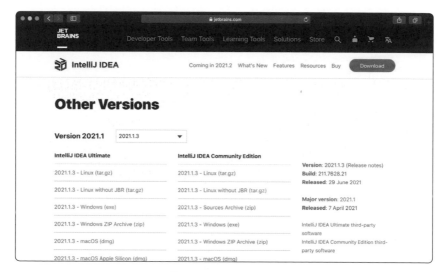

⬆ 圖 2.9.2　其他版本

https://www.jetbrains.com/idea/download/other.html

姐

……我錯了。

2.10 推薦的 HTTP 客戶端工具:Postman

問

> 我沒安裝付費版,想問問其他推薦的 HTTP 客戶端工具。

弟

> 其實我也沒用過多少工具,有印象的就是 Postman。

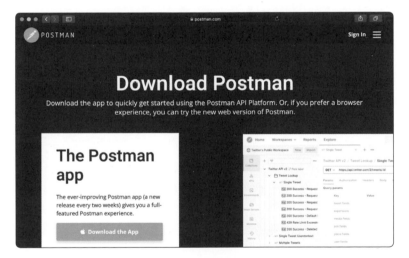

⬆ 圖 2.10.1 客戶端工具下載

https://postman.com/downloads

弟

> 雖然使用的是免費功能,但也要註冊帳號。我懶得填資料,用 Google 帳號授權,所以只要簡單勾選功能。

弟

> 從圖 2.10.4 可以看到,除了測試現有的後端 API,也能按照設計給你一個模擬 API 網址。

姐 因為後端開發也需要時間，我們公司的 PM 有時候會在專案一開始時給我們根據規格模擬回傳的 API，方便 APP 提前開發。等後端寫好了，APP 只要變更連線的主機位址。

弟 也因此後端開發需要自己的測試工具，畢竟釐清問題是發生在後端還是 APP 也挺累的。

姐 拒絕背黑鍋。

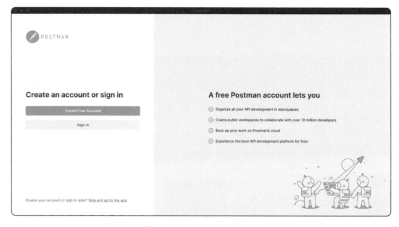

⬆ 圖 2.10.2　需要帳號

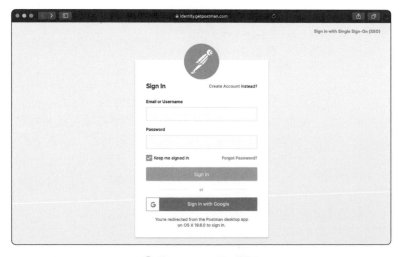

⬆ 圖 2.10.3　登入帳號

⬆ 圖 2.10.4　基本資料

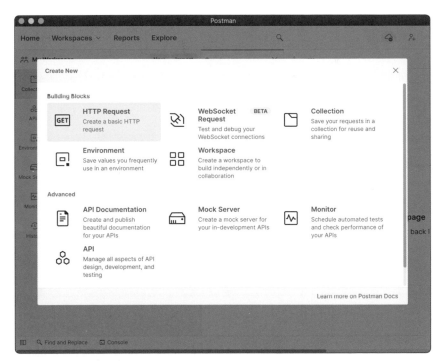

⬆ 圖 2.10.5　建立 HTTP Request

弟 選擇 Create New 可以看到有很多選項，圖 2.10.5 選左上第一個 HTTP Request，填好主機位址，因為預設就是 GET 方法，不用改其他資訊，按下送出按鈕就可以看到 Hello World 的回傳。

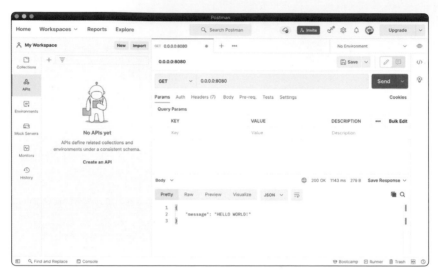

⬆ 圖 2.10.6　主機位址和參數

⬆ 圖 2.10.7　支援多種 HTTP 請求方法

姐　POST 方法呢？

弟　點一下 GET 方法，妳可以看到 Postman 所有支援的 HTTP 請求方法，POST 的話要記得填寫 Body 物件唷。

姐　HTTP 請求方法有這麼多種啊！

弟　對呀，每種請求方法也有各自的意義，HTTP 本身也有 HTTP 1.1 和 HTTP/2 的不同協定。

姐　幸好 APP 不用懂這麼多，後端真是辛苦。

弟　不同領域各有所長，所以我非常佩服跨領域的專家。

姐　圖 2.10.5 左上第二個選項是 WebSocket Request 耶，正好聊天室可以用這個測試。

弟　我完全沒注意到！早點知道就不用花時間用搜尋引擎找測試網頁了。

姐　因為你用 IntelliJ IDEA Ultimate 的期間根本沒開啟 Postman。

弟　我本來是打算到後面的階段再開啟 Postman 的 Monitor 功能，因為需要定時監控伺服器 API，如果 API 掛了或是回傳格式不對或回傳時間過久都會主動寄信通報。免費版最高的頻率是每小時檢查。

姐

也是啦，如果等使用者發現問題再回報，APP 應該已經出現不少一顆星的評價。

弟

放輕鬆，別對 APP 評價那麼在意啦。

姐

評價差的話會嚇走願意花錢的新使用者啊！

弟

原來不是面子問題是金錢問題啊。

2.11 推薦的版本圖形化管理工具：Sourcetree

問

有沒有推薦的版本圖形化管理工具？

姐

我推薦 Sourcetree，它提供不限定廠商的版本管理服務。

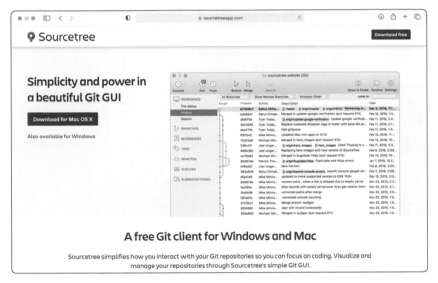

🔼 圖 2.11.1　官方下載

https://www.sourcetreeapp.com

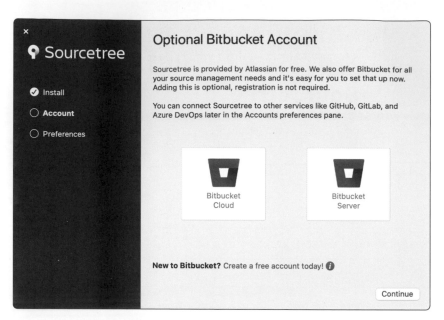

⬆ 圖 2.11.2　安裝不限定 Bitbucket

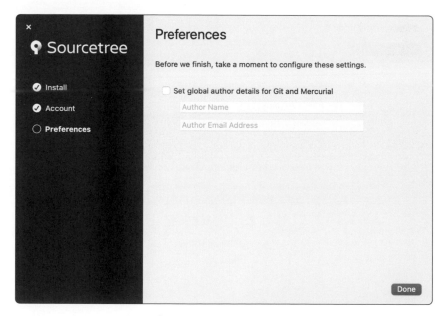

⬆ 圖 2.11.3　作者 Git 資訊

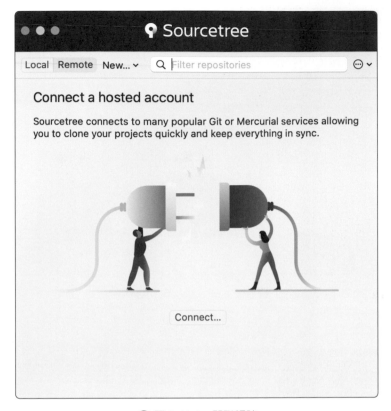

⬆ 圖 2.11.4 關聯帳號

⬆ 圖 2.11.5 關聯 Bitbucket 帳號

🔼 圖 2.11.6　登入 Bitbucket

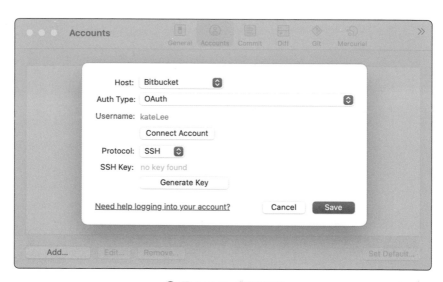

🔼 圖 2.11.7　關聯完成

姐

關聯帳號後建議新增 SSH Key，以後同一台電腦就不用驗證身分。

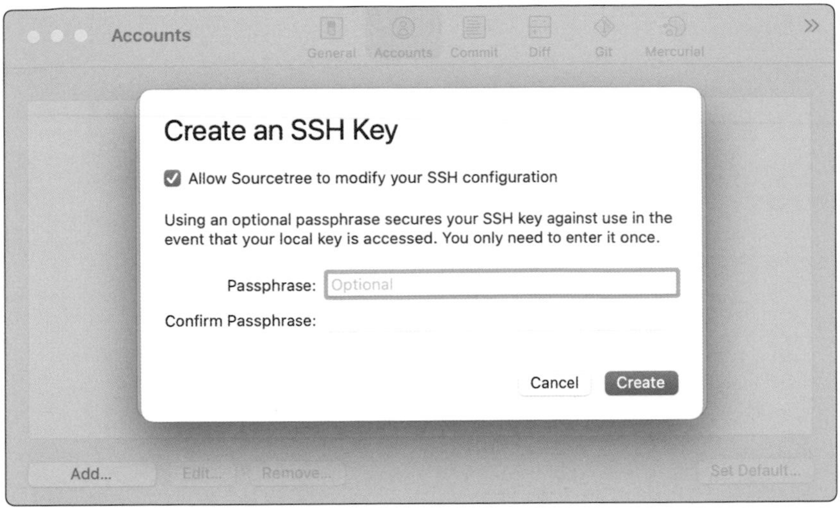

圖 2.11.8　新增 SSH Key

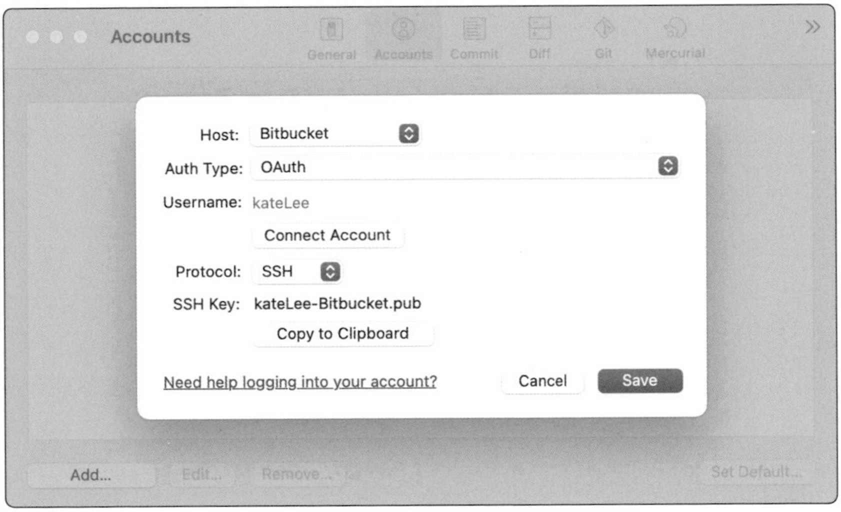

圖 2.11.9　儲存

● 圖 2.11.10 帳號列表

● 圖 2.11.11 選擇服務

● 圖 2.11.12 登入 GitHub

● 圖 2.11.13　授權

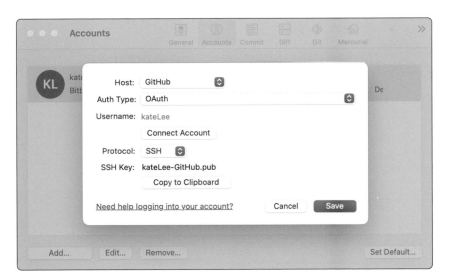

● 圖 2.11.14　儲存

● 圖 2.11.15　帳號列表

姐

關聯帳號後可以看到所有擁有的倉庫，倉庫不限定程式碼，可以放任何內容，只限定容量。

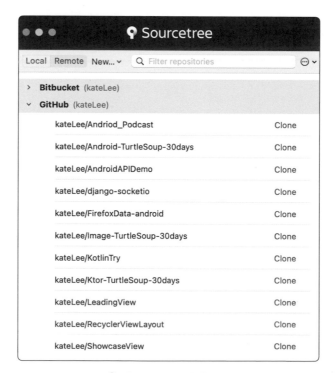

● 圖 2.11.16　倉庫列表

○ 圖 2.11.17　手動填寫密碼

姐

如果沒有設定 SSH Key 就會和圖 2.11.17 一樣每次操作都要輸入密碼。第一次設定完成可能要等幾分鐘之後 SSH Key 才會生效。

姐

下載只要點倉庫旁邊的藍字Clone。

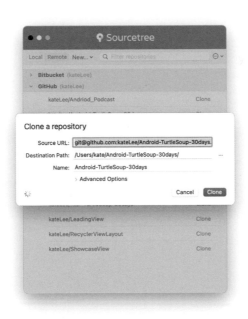

○ 圖 2.11.18　下載

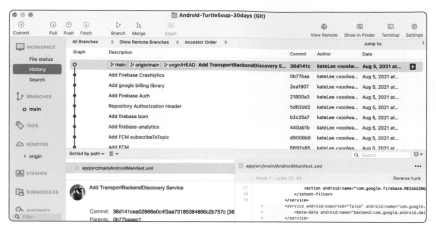

● 圖 2.11.19　目前狀態

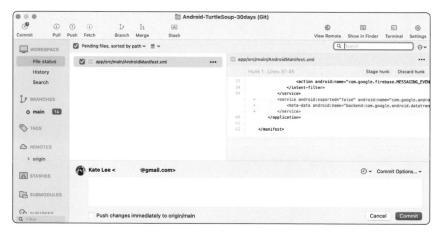

● 圖 2.11.20　新增 commit 檔案

姐

> 每次 commit 檔案可以只勾選一部份變化的檔案，保持 commit 的獨立性，最後上傳到雲端倉庫就完成了。

⬆ 圖 2.11.21　上傳

海龜湯相關篇

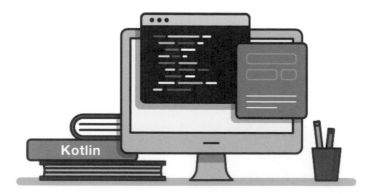

2.12 哪裡可以看到完整的專案程式碼

問

請問哪裡可以看到完整專案的程式碼？

姐

專案三十天的程式碼已經整理過放在 GitHub 了。

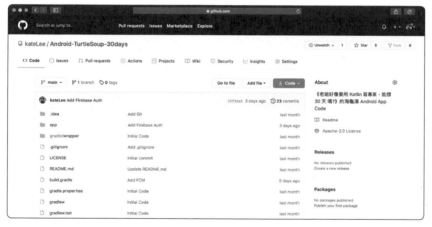

⬆ 圖 2.12.1　本書 Android 程式碼

⬆ 圖 2.12.2　本書 Android 程式碼 QR Code

https://github.com/kateLee/Android-TurtleSoup-30days

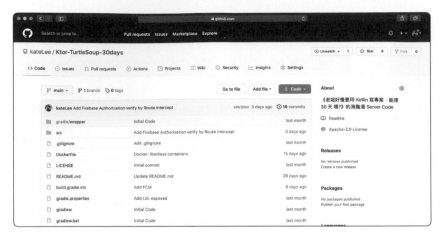

🔼 圖 2.12.3　本書伺服器程式碼

🔼 圖 2.12.4　本書伺服器程式碼 QR Code

https://github.com/kateLee/Ktor-TurtleSoup-30days

弟

啊哈哈，中間用了好幾次 git rebase 指令。

問

git rebase 指令是什麼？

姐

git rebase 可以根據指定的基準點修改 git commit 歷史紀錄，每筆 git commit 包含每次變動的程式碼和說明文字。自己開發的話 git commit 可能會比較凌亂，要給其他人看的當然需要注意形象，一切都是為了乾淨、漂亮和可讀性高。這樣大家可以找到自己想注意的點，和比較每次 git commit 前後的差異。

弟

> 不過你也太誇張了吧，到現在都還在改 commit，而且 rebase 後 commit 的時間也會被重寫耶，大家還是會看到一整排不自然同時間提交的 commit。

姐

> ……沒關係，完美本來就不是自然存在的東西。

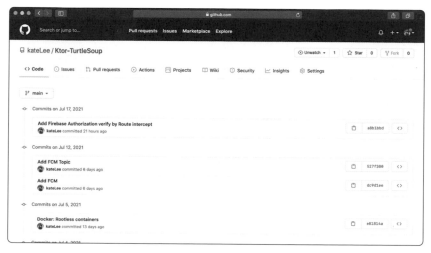

🔼 圖 2.12.5　美化過的 git commit 列表

🔼 圖 2.12.6　比較 git commit 前後的差異

弟

欸？現在才發現，妳連程式碼專案名字都改過。

姐

對呀，只要不要和名下的現有專案重複，都可以改，只是網址也會跟著改唷。我覺得分享的版本名字包含三十天比較好分辨，接下來的進度就放在只有我們姐弟兩人看得到的私庫吧。

⬆ 圖 2.12.7　在設定面可以改名

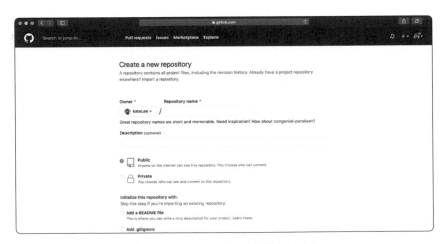

⬆ 圖 2.12.8　可以選擇公開或是私有

弟 至於專案未完成的功能，比如聊天室頻道，大家可以下載三十天專案研究不同的做法。

姐 說到下載，真的是好險我們有上傳到 GitHub。

弟 是啊，中間迫不得已換了一台電腦，主機板死了，沒救。

問 為什麼要特別上傳 GitHub 呢？不是可以買磁碟來備份電腦嗎？

姐 磁碟壞了誰負責！GitHub 壞了至少不是我負責！

弟 姐，別激動，他不是故意觸碰到妳的心靈陰影。GitHub 是雲端服務，他們會有多台備份磁碟和定期備份。不過事無絕對，2017 年，某個 GIT 雲端服務曾經 5 個備份機制都出問題。

姐 ……總之，版本控制系統雖然還有 CVS、SVN 等等的其他選擇，不過我們傾向選擇 GIT 服務，原因有二，一是自我工作以來，除了第一間公司使用 CVS 以外，其他公司都採用 GIT 服務，所以也就習慣 GIT 指令；其二是約有半數的開發者使用 GIT 服務，因此在上面展示你的作品算是業界慣例，GitHub 甚至被暱稱為工程師社交平台。

問 版本控制系統是什麼？

姐 顧名思義，以版本的概念管理，範圍不限於程式碼。隨時可以切換到各個版本，如果某一個版本出問題，能立即回到前一個版本，並比較各版本的差異，追溯問題來源。如果喜歡手動輸入指令可以到 GIT 網站查詢，反之就選擇下載圖型化介面軟體。

弟

我兩個都喜歡，在比較版本變化的時候我會使用圖形化介面。而且圖形化介面不見得要和廠商綁定。我用 GitHub 服務但是搭配的不是 GitHub Desktop 而是 Sourcetree。

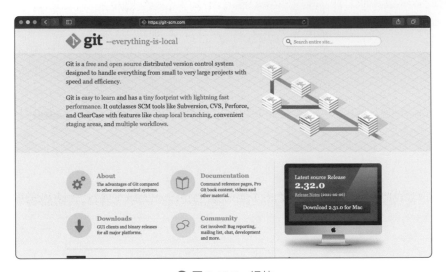

⬆ 圖 2.12.9　網站

https://git-scm.com/

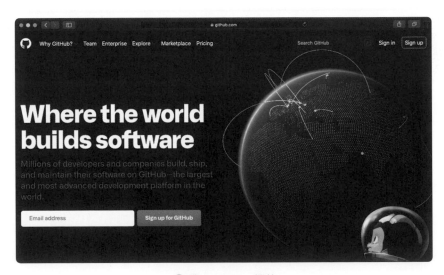

⬆ 圖 2.12.10　網站

https://github.com/

⬆ 圖 2.12.11　圖形化 GitHub Desktop 介面軟體

https://desktop.github.com/

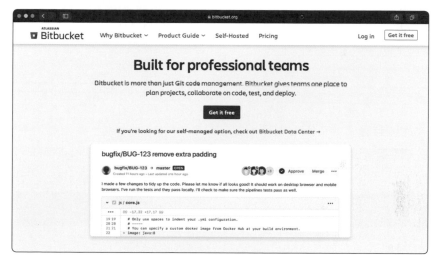

⬆ 圖 2.12.12　網站

https://bitbucket.org/

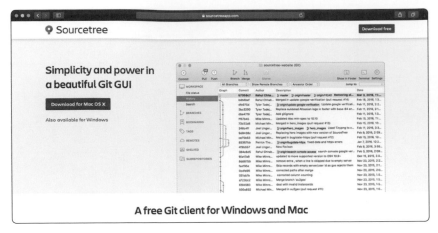

⬆ 圖 2.12.13 　圖形化介面軟體

https://www.sourcetreeapp.com/

弟

Sourcetree 圖形化介面做的還真不錯。

弟

像是開發聊天室程式碼的時候，我根據不同範例做了分支，在網頁上比較難看出分支間的關係，但是在 Sourcetree 上就一目瞭然，清楚知道是從哪個節點開始分出來。

⬆ 圖 2.12.14 　網頁分支表

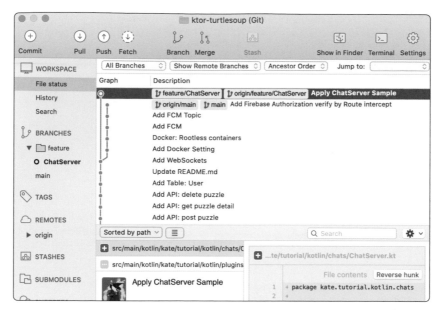

⬆ 圖 2.12.15　圖形化介面 Sourcetree 軟體分支圖

弟

> 啊，忘了說明了，Sourcetree 是另一家支援 GIT 服務的雲端平台 Bitbucket 推出的，因為其開發廠商 Atlassian 還有專案任務管理軟體 Jira 和專案文件管理軟體 Confluence，所以也是個不錯的選擇。不過 Bitbucket 團隊人數多於五人的話，要另外付費，Jira 則可以免費到十人。但是因為真的還滿好用的，所以我們公司也有買，我滿喜歡 Atlassian 把 commit 和任務及文件連動的設計。上傳 commit 的時候，任務就會自動改變狀態，不只不會忘記關掉任務還能順便記錄時間。

↑ 圖 2.12.16　連動的設計

姐

對於一些非常重視隱私的開發企業，可能會選擇 GitLab，因為 GitLab 最大的優勢就是可以架在自己的伺服器上。

弟

如果只是私人開發，選哪一個都沒什麼問題，但是因為 GitHub 上擁有大量開源的程式碼專案，所以還滿多工程師常駐在那。

姐

不愧是工程師社交平台。

↑ 圖 2.12.17　網站

https://gitlab.com/

2.13　為什麼專案主題選海龜湯

問
> 請問為什麼專案主題選海龜湯？有特殊意義嗎？

弟
> 平時就喜歡解謎類型的推理遊戲，而且海龜湯可以多人一起共同遊玩。只需要文字描述，不需要圖片或是卡牌，資料結構比較簡單。

姐
> 桌上遊戲大多需要大畫面，除非目標是七吋以上的平板，否則遊戲體驗很難做到很好。

🔺 圖 2.13.1　塞不下去的小小螢幕

弟
> 文字類遊戲和圖片類遊戲相比網路傳輸量較小，也不用考慮圖片解析度。

姐
> 純文字排版亂掉的問題也比較不會發生，但是缺點就是畫面會比較單調。

弟
> 畫面設計就交給姐了。

姐

等遊戲做出來以後，先和朋友玩幾輪看看有沒有什麼問題，當初這個遊戲也是朋友介紹的，所以不缺測試玩家。

弟

到時候就送他們一些原本要付費才能使用的高級功能吧。

姐

這樣不錯呀，既不會讓他們白做工，遊戲也可以增加資深玩家，雙贏。

弟

所以建議選擇的專案主題最好是本人喜歡，或是周圍人喜歡的。

姐

或是實用型的工具類型也可以，比如記帳本或是食譜收集冊就是這類專案。

弟

也可以反過來想，你想鍛鍊的能力可以組合成什麼商品。

姐

像我們一開始就打算有會員功能和後端伺服器，所以不會考慮不需網路的主題專案。

弟

也可以用時程決定專案複雜度，比如這次限定在三十天，所以限制在三個系統，會員系統、文章管理系統和聊天室系統，付費功能本來就沒打算在三十天內完成，提前買下開發者帳號是為了不讓這個專案三十天後就被擱置。

姐

雖然有考慮到下班後的精力不足，時程安排的比較寬鬆，可惜最後還是比規劃的時程進度慢，因為我們沒有考慮到截圖和每日日誌所耗用的心力。

弟

這些心力沒有白費，因為得到了 iT 邦幫忙鐵人賽的獎項和出書的機會，嗚嗚嗚……

2.14 海龜湯 APP 有網址嗎

問

> 我想玩海龜湯 APP，請問有網址嗎？

姐

> 理論上公開之前是有網址的，因為在上傳測試版本的時候就會根據
> Application Id 生成網址了。只是現在給了網址也只有測試人員能下載
> 呀。

⬆ 圖 2.14.1　沒有正式版本只會看到查無資料

⬆ 圖 2.14.2　想加入測試計畫的測試人員需要提供電子信箱

弟

> 我記得也有公開的測試？

姐 對，有各種測試計畫。不過，選擇公開測試，就代表功能都寫得差不多了，只是欠缺真實使用者回饋，如果沒做好就放出去會破壞品牌的。不過，即使以後有正式版本了，也能繼續公開測試，觀察新功能反響。

⬆ 圖 2.14.3　設定測試

https://support.google.com/googleplay/android-developer/answer/9845334

弟 因為還有一陣子才會開發完成，也不清楚會不會有需要改 Application Id 的突發意外，不太方便現在就分享網址。

姐 如果真的想知道最新進度的話，可以追蹤圖 2.14.4 的網頁，新消息會發布在 Q 毛的粉絲頁。

⬆ 圖 2.14.4　臉書粉絲頁

https://www.facebook.com/QMeow3/

2.15 海龜湯 APP 會開發 iOS 版本嗎

問：請問海龜湯 APP 會開發 iOS 版本嗎？

姐：咕，殺了我！

弟：啊，她的意思是在 Android 版本穩定前，不會開發 iOS 版本。

姐：因為我們的計畫是先利用 Android 版本打開市場，測試商業經營模式是否可行，最後才會考慮 iOS 使用者。根據發展調整計畫，所以也可能不是發布 iOS APP，而是行動版網頁。

弟：iOS APP 開發一定要用 Mac 作業系統，如果到時候我們手上的 Mac 筆電全滅，就只能認命開發網頁版本。

姐：可是我們手上的電腦也只有 Mac 筆電呀，全滅沒有謀生工具就只能種磨菇了。

弟：那時候就少吃幾頓大餐，買台便宜的桌電，或是多賣點肝。

● 圖 2.15.1　失去謀生工具只能種磨菇的工程師

姐　如果手上有很多資金，而且前景良好，比起讓我去學 iOS APP 開發，我寧可付錢請有經驗的 iOS 工程師開發。因為 Bug 處理或是使用者體驗，都需要接受時間的薰陶，大量專案的歷練。任何一個領域的工程師，絕對不是只要學會一門程式語言就可以勝任。除非不注重專案品質，想以量取勝，或是後面還有其他人監督驗收，才會考慮新手工程師。新手工程師也比較缺乏自我實力認知，時程估計比較不準確。

弟　就算是老手工程師有時候也會有疏漏的地方，所以可以的話，不要省略測試流程。

姐　測試流程是一門學問，市面上也有相關書籍可供參考。像是 TDD 模式，先寫測試再開發；BDD，先規劃軟體功能和業務邏輯，並根據其行為寫測試。IDE 也有計算覆蓋率的功能，可以檢視現行測試覆蓋專案功能的多少比例。

弟　這麼一說，我們好像還沒寫測試。

姐

事到如今，我們應該會採用 BDD。

弟

說的也是，TDD 已經來不及了。不過除了 BDD 還可以用單元測試確保功能正常執行。

姐

不管是哪種，都希望做成自動化測試。不過自動化測試雖然方便，卻不見得可以贏過人工測試，之前公司有個厲害的測試員，APP 到她手上一定會出問題。

弟

Bug 扭曲力場嗎？真可怕！

姐

世界之大，無奇不有！我相信科學，也相信奇蹟。

弟

難怪每次專案上架前，妳都不忘祈禱一切順利。

其他篇

2.16 想開發專案，但沒有會寫程式的家人怎麼辦

問

> 我也想開發專案，但沒有會寫程式的家人怎麼辦？

姐

> 就像開發程式時遇到沒有的功能一樣，找第三方函式庫——朋友、同事或是路人甲，只是就是要擔有中途落跑或是洩漏創意的風險；努力自己造輪子——現在開始教他們寫程式，等待收成的一天，或是和本書作者一樣把自己改造成全端工程師。

弟

> 全端工程師會很累唷，本書作者為了維持精神和平分裂成姐和我兩人。

弟

> 把專案當正職沒有薪資的話，很少能持續下去，即使有其他正職在身，也不見得願意協助，畢竟專案也可能毫無收益或是腰斬。

姐

> 資金來源是很重要的，保證不餓死再寫專案。

弟

> 現在流行 Side Project，也是因為 Side Project 和工作並不衝突的性質，可以磨練能力，同時結果也能證明能力。有些人的目標不是業外收入，而是寫進履歷。

姐

> 也有人是寫給自己開心，或是剛好有需求。

弟

> 妳是說妳以前寫的搶票程式嗎？

姐 對呀，就是有一陣子需要訂票，但是釋放票的時間都在大半夜，我很想早點睡，只好寫程式了。

弟 反正妳也只是個人用，不會影響到訂票網站的營運。

姐 我幹嘛增加競爭對手？

姐 説起來，我記得你也有寫幾隻爬蟲程式，不要又弄壞那些網站唷。

弟 真是哪壺不開提哪壺，那次又不是故意的。我只是不小心忘記調低請求頻率。

姐 可是就被人當作 DoS 攻擊，IP 位址被封鎖了，哈哈。

問 DoS 攻擊是什麼？

姐 DoS 攻擊（Denial-of-Service attack）是單台電腦佔用受害者網路、CPU 或是硬碟資源，使受害者疲於奔命，無法正常執行服務。就像兇惡客人占住櫃檯，讓櫃檯沒辦法服務其他客人。

弟 升級版本 DDOS（Distributed Denial-of-Service attack）攻擊更可怕，控制許多電腦攻擊。這些電腦大都不屬於攻擊者，只是藉由電腦病毒控制，所以也被稱作殭屍。

姐 殭屍攻城，多形象呀。

↑ 圖 2.16.1　被圍攻的小吃店

姐

説到這個，我們的海龜湯專案伺服器也要小心 (D)DOS 攻擊。

弟

我記得 Heroku 有做基本的 (D)DoS 防護，Firebase 也有在後端服務設置監控和警報，需要緊急處理的話，可以通知工作人員。

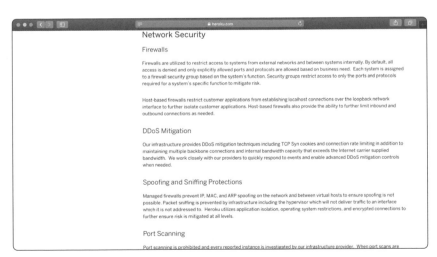

↑ 圖 2.16.2　雲端 Heroku 網路安全

https://www.heroku.com/policy/security#netsec

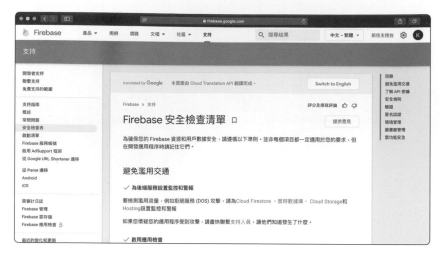

● 圖 2.16.3　驗證 Firebase 安全檢查清單

https://firebase.google.com/support/guides/security-checklist

姐

可是我們用的是免費版本，不知道會不會得到關照。

弟

能得到工作人員的關照是很好，駭客的關照就免了。總之上架前會再多多檢查安全性穩定性的功能。

● 圖 2.16.4　伺服器的防護功能不可少

2.17 如何學到更多 Kotlin 基礎知識

問 〉我對 Kotlin 產生興趣了，如何學到更多 Kotlin 基礎知識？

姐 〉有耐心的話就等下本書出版吧，嘿嘿。

弟 〉或是參加 Kotlin 開發商 JetBrains 技術傳教士主辦的讀書會，讀書會每隔幾個月就會以一本 Kotlin 相關書籍作探討，平時也可以在 Line 群和 Telegram 群發問和討論。

⬆ 圖 2.17.1　讀書會網站

https://tw.kotlin.tips

姐

對，這就是我之前提過的 Kotlin 線上讀書會，有時候還會有各領域的專家帶領練功場，照進度完成作業，累積自學能力。如果都等不及，也可以在 Kotlin 看教學文件學習，文件也有根據領域劃分。目前 Kotlin 最大宗使用者是 Android 開發者，Kotlin Multiplatform Mobile（KMM）則著眼在手機跨平台，讓 iOS 開發者也可以使用 Kotlin 來共用業務邏輯程式碼。網站的前後端也能全以 Kotlin 開發。一般資料科學就會想到 Python，但 Kotlin 其實也有涉獵。

⬆ 圖 2.17.2　各種領域

https://kotlinlang.org/

弟

其實說了那麼多，最重要的還是實戰演練。

姐

熟能生巧，最後連作夢都能寫程式碼唷！

2.18 有哪些社群可以參加

問 有哪些社群可以參加？

姐 很多唷，有的還會定時聚會。

弟 先列幾個我們知道的在表格 2.18.1。

表格 2.18.1　推薦的社群

社群名稱	社群網址
Kotlin 讀書會	https://tw.kotlin.tips/
TWJUG	https://www.facebook.com/groups/twjug/
Kotlin Taipei	https://www.facebook.com/groups/117755722221972/
GDG Taipei	https://www.facebook.com/groups/gdg.taipei.group/
GDG Kaohsiung	https://www.facebook.com/groups/GDGKaohsiung/
Android Developer 開發讀書會	https://www.facebook.com/groups/523386591081376/
Taiwan Backend Group	https://www.facebook.com/groups/taiwanbackendgroup/
Taipei Women in Tech	https://www.facebook.com/groups/420817431404071/
Taiwan 程式語言讀書會	https://www.facebook.com/groups/1403852566495675/
我不會寫 CODE	https://www.facebook.com/groups/code.from.0/

姐

啊，對了，大家在社群發言時，要注意禮節唷。

姐

社群中有很多熱心的工程師願意解決你的問題，但這是他們的選擇，不是義務。

也不要在得到答案之後就把文章刪除，因為其他遇到類似問題的人也需要這份幫助，而回答的工程師也不是只為你服務，相信沒有人想看到同樣的問題一而再，再而三的被拿出來提問。

弟

如果英文能力不錯，文中提過的 Stack Overflow 是個更好的選擇，因為搜尋功能相對於社群網頁要好上太多，也能根據問題的年代和回答的年代以及評論判斷答案的可信度。

姐

除了社群以外，也有年會活動，聚集多個社群和廠商，有些人也會趁此獲取求職機會。

弟

單純技術交流和交友的參加者也滿多的。歡迎來年會找我們玩。

表格 2.18.2　推薦的年會

年會名稱	年會網址
COSCUP：開源人年會	https://coscup.org/
JCConf：Java 程式語言及相關領域研討會	https://jcconf.tw/
SITCON：學生計算機年會	https://sitcon.org/
ModernWeb	https://modernweb.tw/
DevOpsDays Taipei	https://devopsdays.tw/
iThome Cloud Edge Summit：臺灣雲端大會	https://cloudsummit.ithome.com.tw/

2.19 我是十年後讀者，IDE 版本差異有點大怎麼辦

問

> 我是十年後讀者，IDE 版本差異有點大怎麼辦？

姐

> 十年後還買得到這本書，真是榮幸。

弟

> 也可能是絕版書清倉大拍賣吧……

姐

> ……我寧可你説是從圖書館借閱的。

姐

> 如果發現 IDE 版本或是其他圖片資訊變化有點大，會抽時間在 GitHub 上更新。…… 但是十年後我還在當工程師嗎？

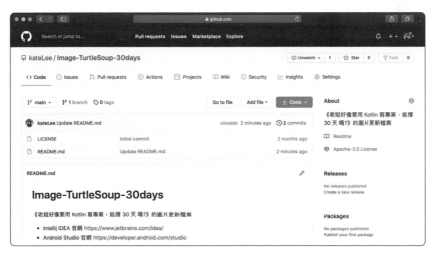

🔺 圖 2.19.1　本書圖片更新檔案

⬆ 圖 2.19.2　本書圖片更新檔案程式碼 QR Code

https://github.com/kateLee/Image-TurtleSoup-30days

弟　妳對工程師有什麼不滿嗎？

姐　工程師很好，但我想當老闆！

弟　老闆也可以寫程式，沒問題！

姐　那就交給你了，少年。

問　所以可以期待圖片更新了？

姐　事實上，因為比賽文章和出書前後相隔近一年，已經更新過一次圖片。如果接下來版本有大幅變化，會繼續更新圖片。

附錄

1. 個人專案（Side Project）：利用業餘時間開發的專案，權利屬於個人，亦能多人開發。

2. 行動應用程式（Mobile Application，簡稱 APP）：也常稱手機應用程式。在手機作業系統環境執行的程式。

3. 前端（Frontend）：由介面與客戶端組成，介面負責畫面呈現以及互動，客戶端負責與伺服器溝通。前台和後台都屬於前端，只是以權限區隔使用者。

4. 後端（Backend）：由資料庫與伺服器組成，伺服器負責處理業務邏輯，資料庫負責儲存資料。

5. ava：昇陽電腦（Sun MicroSystems）公司開發的程式語言，後來由甲骨文（Oracle）公司併購並繼續開發。程式設計採用物件導向，利用 JVM 實現跨平台。

6. 伺服器（Server）：提供多人連線服務的電腦。

7. 整合開發環境（Integrated Development Environment，簡稱 IDE）：順應廣大開發者的期望而出現的應用軟體，協助程式開發者加速開發和程式碼編譯功能。

8. 應用程式介面（Application Programming Interface，簡稱 API）：在不同程式之間擔任溝通的角色。

9. 框架（Framework）：加速開發的程式結構標準。

10. 外掛程式（Plugin）：替應用程式擴充特定功能的程式。

11. 函式庫（Library）：將特定功能打包成一個檔案，與他人共享。

12. 敏捷軟體開發（Agile software development）：也常稱敏捷開發。以快速與靈活的方式對待軟體開發。其中一個特色是成員每日都會開個短時間的會議。

13. 表現層狀態轉換（Representational State Transfer，簡稱 REST）：一種資源處理風格。一個網址對應一種資源的取得、建立、修改和刪除，常配合 JSON 格式。符合其風格的 API 稱為 RESTful API。

14. 簡單物件存取協定（Simple Object Access Protocol，簡稱 SOAP）：一種資料交換協定，一個網址對應所有請求，特色是嚴謹和安全性高，只能用 XML 格式。

15. 閃退（Crash）：APP 當機之後，會閃電般強制退出程序畫面而得名。

16. 程式審核（Code Review）：開發者提交的新程式碼不會馬上加入專案，而是由一到多位的審核者先審核提交內容，確認符合要求後再進行合併。

17. 聊天機器人（Chatbot）：在通訊軟體裡和使用者互動的機器人程式，基礎功能是利用訊息中的關鍵字猜測使用者想要的回應，有些企業利用這類機器人程式替代真人客服。

18. 屬性（Property）：物件的特性。

19. 擴展（Extension）：直接連結類別和所需結果的簡潔作法。根據產生的結果分成函式擴展（Extension Functions）和屬性擴展（Extension Properties）。

20. JWT（JSON Web Token）：基於 JSON 的開放標準（RFC 7519），輕巧且包含必要資訊，利用數位簽署故可驗證身份。

21. 記錄（Log）：程式執行時留下的記錄，時間可以細到毫秒。分成開發階段才會記錄的資訊和所有階段都會記錄的資訊。除此之外還會有警告和錯誤這樣的分級制度。

22. 結構化查詢語言（Structured Query Language，簡稱 SQL）：針對資料庫系統的程式語言，各家系統在支援上有少許差異。

23. 分支（Branch）：相對於唯一的主幹，分支可以有許多個。大部分的分支都是以匯合主幹的目的開發，但也有些少部分是用來標記可能性。

24. 覆蓋率（Code coverage）：測試的範圍占程式的比例。

25. 單元測試（Unit Test）：以固定單位測試程式邏輯，各測試之間獨立，不受程式外部因素影響。

後記

感謝大家看到這裡，不知道有沒有對大家的 Kotlin 程式生涯產生幫助？

Kotlin 是個親切的程式語言，再加上支援各種平台，讓各領域程式開發者能互相幫助。

即使如此，各領域仍有需其專精的部分，在踏入不熟悉的專業時，遭遇錯誤而茫然是正常的，更何況科技本身就有日新月異的特性。

究竟要使用第三方提供的整合方案還是要自己拼湊出來，是根據目的決定。比如文章中的後端工程師弟弟為了會員功能花了兩天完成 Keycloak 串接，似乎很努力了。但是考慮到手機平台的特性——螢幕小，每次使用時間短，容易被通訊軟體打斷——使用者不見得有這個耐心註冊，畢竟光是驗證電子郵件就會花上不少時間，所以更需要提供的其實是一鍵登入功能，比如匿名登入或是社群帳號第三方登入。以這方面考量，直接使用 Firebase 方案也是個好方法，但如果專案打算賣到某些 Google 無法提供服務的國家，這條方案就行不通了，可以考慮改使用 Amazon Cognito，只是 Amazon 文件相對於 Firebase 比較凌亂。

另一方面，Android 工程師姐姐很想要導入 IAP（In APP Purchase）賺錢，但是在還沒增加品牌信任度和使用者數量前，是很難讓使用者付費的。所以大家才會看到很多 APP 乾脆放棄了 IAP，改用廣告賺錢，甚至有的 IAP 產品內容只是除去廣告。

在設計產品的時候，如果發現專案不需要 APP 的特性，也可以改成電腦網頁、行動版網頁，或是 RWD 響應式網頁設計。後端也是同樣的，如果伺服器沒有複雜的業務邏輯，且不介意被綁定在特定廠商，可以選擇 Serverless 架構，利用廠商提供的後台輕鬆操作伺服器和資料庫，安全性和資料備份也有廠商保障。

然後最重要的是，不要用正職上班的進度去估算 Side Project，因為疲勞程度是累加的，再加上沒有安排休閒時間會彈性疲乏。

所以獨立開發者除了才能以外還需要很多很多的耐心、毅力和體力。也許有少少少部分的人其實正在期待《海龜湯》的上架，悄悄和你說，Side Project 會繼續開發。

因為開發者帳號都買了，至少要回本啊！ 再加上，真的想找人一起玩海龜湯，哈哈。